かつお節を まいにち使って 元気になる

大妻女子大学教授・農学博士 大森正司 監修

はじめに

朝、母親のかつお節を削る音で目をさます、そんな風景がかつては当たり前でした。しかし、忙しい現代にあっては粉末の調味料で簡単にみそ汁をつくり、電子レンジでチンしたおかずで手早く朝ごはんを済ます。あるいは夕食までファーストフードやインスタント食品に頼るなど、手間をかけない食生活が目立つようになっています。

しかし、こうした簡単便利な時代だからこそ、本物を味わいたい、自分で本物をつくりだしたい、そういう人もまた確実に増えています。だしもかつお節からとるこだわりを持ちます。

だしは日本料理の基本です。それだけにだしの基となるかつお節について詳しく知らないとだしのこともよく理解できません。そこでかつお節とだしについての最新情報を盛り込みながら、いろいろな角度から解説したのが本書です。

本書は3つの章から成っています。第1章はかつお節とだしに関する最新事情を中心に、食育や歴史についても触れます。第2章は健康に関してです。かつお節の栄養成分に始まり、かつお節やだしの効能効果について詳しく説明します。第3章はかつお節の製法についてです。節の種類やかつお節の作業工程、カビの役割についても解説します。

日本料理は今、世界中で注目されています。その美しさと独特の味わいは他国に類を見ません。近年、世界の主要都市での日本料理店の数は急増し、日本料理を学ぶために海外から訪れる料理人も年々増えているほどです。

それだけの広まりを見せる日本料理だけに、料理の基本となるだし、またかつお節について正確に知ることが今、なによりも求められます。特に日本料理にたずさわる人たち、かつお節の業界関係者、そばやうどん店などの調理人、栄養を指導する栄養士や管理栄養士の方々には本書をぜひ読んでいただきたいと願っています。また、本物志向の一般の方々にも、かつお節とだしの基本的内容とその素晴らしさを知ることで、日々の料理にお役立ていただきたいと思います。

目次

はじめに……3

第一章 かつお節でおいしくなる

本物志向の時代……12
3つ星で圧倒する日本料理……15
日本の食文化を支えるだし……17
外国のだしとはスピードが違う……19
うま味の最大の引き立て役……21
一流料亭の味の秘訣……23

だしで食育……………24
ラーメンにまで浸透するかつお節……………26
地域で異なる使われ方……………28
安全安心の自然食品……………30
日本古来の調味料……………32
結婚式とかつお節……………34

第二章　かつお節で元気になる

良質なたんぱく質の宝庫……………38
カツオのパワーの源……………39
注目を集める疲労回復効果……………41
現代人を支えるＥＰＡ、ＤＨＡ……………43
日本人に厳しい〝塩分控え目〟……………46

だしで減塩……48
メタボ対策にかつお節……50
独特な香りの正体……52
朝ごはんとかつお節……54
単身者になりよりの味方……56
美しい肌はかつお節でつくる……58
オリンピック選手をサポート……59
ストレス解消に役立つひと削り……62

第三章　かつお節の秘密を知る

かつお節とその仲間たち……66
カツオのプロフィール……68
かつお節になる魚……70

作業工程で異なる呼び名……72
かつお節ができるまで……74
・カツオを選ぶ……74
・生切り……75
・籠立て……75
・煮熟・放冷……78
・骨抜き……79
・整形・焙乾……79
・削り……80
・日乾・カビつけ……81
うま味を決定づけるもの……82
質の良いかつお節の見分け方……84
一番だし・二番だし……85

上手な削り方と保存 87
削り節の種類と特徴 90
削り節の厚さ 93
「かつお節とその仲間たち」の産地 94
・枕崎 94
・山川 95
・焼津 96
・土佐清水 97
・千葉県安房地区 98
生鮮カツオ・かつお節・削り節年間消費量 99
かつお節・かつお削り節県別生産量 100
参考文献 101

第一章

かつお節で
おいしくなる

本物志向の時代

現代のような忙しい世の中にあっては早くて簡単にできる食品は人気です。冷凍食品、インスタント食品、ファーストフードなどは若者層を中心に未だに根強い人気を誇っています。また、電子レンジの普及によって、家庭でもチンして温めれば簡単に食事ができ、料理に時間を割けない人や単身者には特に強い味方になっています。

確かに手間暇かけずに料理を口にできることは良い面もあります。しかし、中には、果たしてそれだけでいいのか、それが食べるということなのか、そんな疑問を感じている人も大勢います。簡単便利な時代だからこそ、本物の味を味わいたい、家庭でも自分の手によって本物の味をつくりだしたい、そういう人が近年目立って増えているのです。

その代表例が日本料理におけるだしです。だしから自分でつくろうとする人が増えています。たとえば東京築地のかつお節専門店では、これまでは料理店の板前さんなどが買いだしにくるのがほとんどだったのが、最近では一般の消費者がわざわざ電車を乗りついで買いにくるといいます。その証拠にかつお節削り器が年間500台も売れ、そのようなことはかつてなかったことで、店のほうでも驚いています。専門店でかつお節を買い、それを削り器でゆっくり時間をかけて削り、その削りたてを冷奴やおひたしなどにかけ、また、おすましやみそ汁のだしにする。まさにかつお節によるスローライフの実践です。食事におけるスローライフは単にゆっくり食事をすることではなく、本物の味を心ゆくまで味わうことですから、かつお節はそれにぴったりの食材です。

だしは粉末の調味料でもつくれます。ひとふりするだけでそれなりの味がでます。しかし、それではどこか物足りません。もっとおいしいものにしたいという本物志向の気持ちが、削りたての香り豊かなかつお節を求めて専門店にまで足を運ばせるのです。

この傾向は若者の間にも広がりつつあります。そのことを示す一例がコンビニエンスストアです。

現在、国内にはコンビニエンスストアが約4万5000軒あります。つくられた当初は近くにあって夜遅くまで開いている小型スーパーマーケットという印象でした。おにぎりやサンドイッチなどは売られていましたが、正直、中身や味まではそれほど重きが置かれていなかったように思えます。ところが、10年くらい前からそれぞれが特色を打ちだし、とりわけ大手のコンビニエンスストアでは、どこよりもだしに力を入れ、大々的に宣伝し他店との差別化を図っています。

このような研究開発の背景としては、コンビニエンスストアに対して日本人の間に、手軽さだけを求めることから、本物を味わおうとする本物志向が広がっていることが挙げられます。そのような日本人の心をつかむのはまずだしであって、かつお節でとっただしこそが本物志向の日本人を満足させると店側では考えたようです。

近年、改めてかつお節の良さが見直され、コンビニエンスストアを通じて若者層にもそのおいしさが浸透しつつあります。

3つ星で圧倒する日本料理

専門家が料理店の評価をする最新版が発表されましたが、3つ星は17軒、2つ星は57軒、1つ星は219軒でした。新たに3つ星を獲得した店は3軒ありますが、いずれも日本料理店で、また東京エリアにおいても3つ星16軒の内、2軒のフレンチレストランを除いて、あとはすべて、日本料理、すし、ふぐ、天ぷらなどの和食の店でした。

東京にはフレンチを始めイタリアン、スパニッシュ、韓国、中国など各国の料理店がひしめいています。しかし、先の最新版で認められた3つ星の店のほとんどが日本料理店であったのは、日本料理の何かが判定する人の心をつかんだからです。それは何かと考えると、だしに行き着きます。どの店にも共通するのはだしです。だしイコール日本料理、日本料理イコールだしといってもいいくらいですから、日本独自のこのだしが3つ星にまで評価を高めたといっても過言ではありません。

かつて日本料理というと海外ではすしや天ぷらくらいが知られる程度で、未知の料理といってもいいものでした。しかし先のガイドブックの効果などもあって、今では日本料理は世界中に知られるまでになっています。

かつお節からとるだしは他の国にはまったく見られないもので、他国の料理人にとっては非常に魅力的に映り、海外から日本料理の修業に訪れる外国人が急増しているのを見てもわかります。老舗のある日本料理店では、この2、3年だけでイタリアやスペインなど約10カ国から料理人が日本料理を学びに訪れているそうです。また、フランスの3つ星レストランのシェフの中には、かつお節でとっただしを自店で使いたくて、わざわざ東京築地のかつお節専門店までかつお節と削り器を購入しに来日するという熱の入れようです。

私たちが当たり前のように日ごろ口にしているおすましや煮物を始め、だし汁でつくるすべての日本料理が世界中の料理人の注目を集め、かつお節でとるだしの存在が広く知られるところとなっています。

日本の食文化を支えるだし

日本料理は今や専門の料理人の間だけでなく、一般のファンも世界中で増やしています。海外の日本食レストランは6年前の推計で2万～2万5000軒。最近ですと、日本貿易振興機構の調査によればアメリカで1万4129軒と10年前の倍以上、フランスで約1000軒、英国でも500軒以上あります。今や和食は世界的なものになり、日本料理はわが国が世界に誇る食文化といえます。

そこで、政府は2012年3月にこの

「日本の食文化」をユネスコの世界無形文化遺産に登録申請しました。これは社会的慣習や祭礼など具体的な形を持っていないものを対象とするもので、現在まで食文化では「フランスの美食術」と「メキシコの伝統料理」が登録されています。わが国では一汁三菜を基本にした米飯中心の優れた栄養バランスや、その土地その土地の新鮮な食材を使った調理法などをアピールする予定です。２０１３年の登録決定を目指しています

政府が日本の食文化を世界に広めようとする背景には、より多くの人に日本料理を知ってもらいたいという思いと同時に、海外での和食が正確な日本料理を伝えていないことに危惧していることもあります。日本食と銘打てば客を呼べると考えて店を立ち上げるところが多いのが現実で、たとえばフランスでは日本語ですし店の看板を掲げていても、オーナーは日本人でないところが数多く、内容もどこか中国的であったり東南アジア系であったりします。日本で実際にすしを食べたことのない人が口にすれば、それが日本のすしと思い込んでしまう恐れもあります。あるいは、日本のだしに興味を持ってかつお節を自国に持ち帰っても、

間違った削り方をして粉にしてしまいます。それが削り節と勘違いするケースも起こっています。これではせっかくの日本料理の普及も裏目にでてしまいます。

そこで、正しい日本料理と料理法を伝えるために、8年前に京都の料理人が立ち上がり海外のシェフを対象にした日本料理の研修プログラムをスタートさせ、政府もまた、世界無形文化遺産への登録を目指すことで後押しを図ったのです。

先の、外国人シェフを対象にした京都の料理人による研修では、最初に教えるのがだしだそうです。日本料理の元であるだしを、まずしっかりと頭に入れてほしいとの願いからです。いかにだしが日本料理にとって重要なものであるかがこのことからもよくわかります。

外国のだしとはスピードが違う

料理のおいしさはだしが決めるといっても過言ではありません。だしの良し悪しによって料理はおいしくもなればまずくもなります。それだけに料理人はだしに神経を使います。
「だし」そのものは外国にもあります。西洋料理の「フォン・ド・ボー」、中国料理の「湯《タン》」などです。「フォン・ド・ボー」は子牛の骨やスジを香味野菜や香辛料といっしょに長時間かけて煮込んで仕上げるもので、これをベースにソースがつくられます。また「湯」は動物の肉や骨などをそれだけで、あるいは野菜やハム、干しあわびや干し貝柱などといっしょにコトコト煮込んでつくります。日本料理にかつお節のだしが欠かせないように、これらのだしは西洋料理、中国料理には欠かせないものです。だしはすべての料理の決め手となりますから、これだけの時間をかけ、材料のエキスがでつくすまでじっくり煮込むのです。

ここでもうおわかりでしょうが、これらのだしとかつお節でとるだしの最大の違いは、できあがるまでにかかる時間です。かつお節によるだしは、これほど長くありません。それどころか沸騰した湯に入れて、沈んだところをさっと取りだすだけです。それでいて「フォン・ド・ボー」や「湯」と肩を並べるだしができあがります。

「フォン・ド・ボー」や「湯」を一般家庭でつくるのは時間的に大変ですが、かつお節によるだしなら専門の料理人でなくても一般の人で十分できます。

私たち日本人はうま味がたっぷり詰まっただしを家庭で簡単にとることができるのですから、それを料理に使わない手はありません。

うま味の最大の引き立て役

かつお節といえばイノシン酸という答えがはね返ってくるほどかつお節にはイノシン酸が豊富です。かつお節のうま味はこのイノシン酸が中心になっています。

その話をする前に「うま味」とは何かをまずおさえておきましょう。うま味は甘味、酸味、塩味、苦味などと並ぶ基本の味の一つです。これらはそれぞれ特定の成分によってつくられます。甘味はしょ糖、酸味は酢酸、塩味は食塩、苦味はキニーネ。そしてうま味はグルタミン酸やイノシン酸です。

グルタミン酸は昆布のうま味成分として知られ、それを発見した池田菊苗博士の弟子であった小玉新太郎博士によって、大正時代の始めに発見されたのがイノシン酸です。核酸系の物質のイノシン酸が塩基性アミノ酸のヒスチジンと結びつき、それがかつお節の独特のうま味をつくりだしていると発表したことでイノシン酸は知られるようになりました。

ただし、イノシン酸だけがうま味をつくっているかというと、そうではないというのが、現在に至る研究者の間での大方の見方です。つまりイノシン酸が豊富に含まれているからといって、それが即おいしいかつお節ではないということです。ではイノシン酸の働きとは何か。それはグルタミン酸のようなうま味アミノ酸に作用して、その相乗効果によってうま味を発揮することです。かつお節に昆布を合わせるといっそうおいしいだしになるのもこのためです。

うま味の最大の引き立て役、それがイノシン酸です。

一流料亭の味の秘訣

一流料亭で食事をする機会は一般にはそれほど多くないかもしれませんが、一流の料理人による味は家庭のそれとは一線を画します。際立っています。もちろん腕の良さや食材の新鮮さなどすべてが合わさって極上の味が生まれるのですが、だしもまたその一角を担っています。だしが最上でなければ、お客様を心ゆくまで満足させる料理は生まれません。

いったい一流料亭ではそのようなだしをどのようにしてつくるのでしょうか。一般にはかつお節と昆布が使われます。それだけをいえば家庭でつくるのと同じですが、味は歴然と違います。それはなぜでしょうか。一流の店ならではのこだわりがあるからです。

かつお節は香りが命です。削りたてのものを使ってこそ真にコクのあるだしがとれます。たとえば、都心部の一流料亭ではかつお節の専門店に削りたてを注文します。専門店ではそのような得意先を何軒も持っていて、早朝から注文に合わせて削り、一軒一軒届けて回ります。数日分を買いだめしておくことも可能なのにそれをしないのも、削りたてでなければ極上の味がだせないことを料理人が知っているからです。

だしで食育

日本料理の料理人が外国人シェフに料理を指導する時、まず最初にだしのとり方から入る、という話を先にしましたが、管理栄養士を目ざす学生にある大学教授が最初に教えるのもかつお節です。かつお節を学ぶことはだしを学ぶことですから、まずかつお節から入ります。

管理栄養士という仕事は単なる栄養士とは違い、専門的に栄養学をマスターした人が国家試験に合格して初めて得られる職業です。栄養士よりより大きな施設で栄養指導をしたり、また栄養士の指導もできる資格を持っています。

そのような管理栄養士を目指す人にかつお節を真っ先に学ばせるのは、日本料理のベースがだしで、そのだしを基本にいろいろな料理がつくられるからです。だしを知らなくては料理のことはわかりませんし、ひいては栄養も学べません。そのため一番最初に学ばせるのです。

このことは管理栄養士を目指す人だけに限らず、これから大人になろうとする子供たちにもあてはめられます。子供の頃から本物の味を教えることがいかに大切かということです。「三つ子の魂百まで」とよくいわれますが、子供の頃に身についたものは生涯忘れません。食事もそうです。小さい頃から本物の味になじんで育った子供は、大人になってもその味を味覚として持ち続けます。子供の頃から本物を口にして育つことは重要で、その食材としてもっとも身近にあるものといえばかつお節です。かつお節でとっただしでみそ汁、吸い物、煮物をつくる。インスタントの調味料とはまったく違った本物の味を小さい頃から知ることになります。

以前、マヨラーというなんにでもマヨネーズをかける人がマスコミでよく取り上げられました。食事はいろいろな料理のいろいろな味を楽しむものですが、このような食べ方をしてはいっさいの味がマヨネーズでかき消されてしまいます。味覚が麻痺し、味に無感覚になってしまいます。子供の頃から本物の味を知っているなら、あるいは知りたいと思うのなら、こんな食べ方はできないはずです。

本物の味を子供の頃から教えることは非常に大切です。この〝食育〟は親の責任といっていいかもしれません。かつお節はその食材としてもっとも適していま す。日本料理において本物の味を生みだすその大元だからです。かつお節を通して食育を実践していただきたいと思います。

ラーメンにまで浸透するかつお節

かつてラーメンといえば鶏ガラや豚骨などを長い時間煮込んでとるのが主流でした。しかし、今はそればかりではありません。近年、魚介系のラーメン店が急増しているのです。むしろ魚介によるだしを加えてつくるのが普通になった観さえあります。

　つくり方は店によって異なりますが、共通しているのがかつお節とその仲間の節を使うことです。かつお節、煮干、さば節、そうだかつお節などを昆布といっしょに用います。他にも桜エビや貝柱などの魚介を加えることもあります。それらが鶏ガラや豚骨などのだしと合わさって絶妙な味が生まれ、今、ちょっとしたブームになっています。

　ラーメンをかつお節でつくるという発想は一見とっぴですが、日本人にとってはそれほど不思議なことではなくむしろ自然です。というのも日本人はなにかに

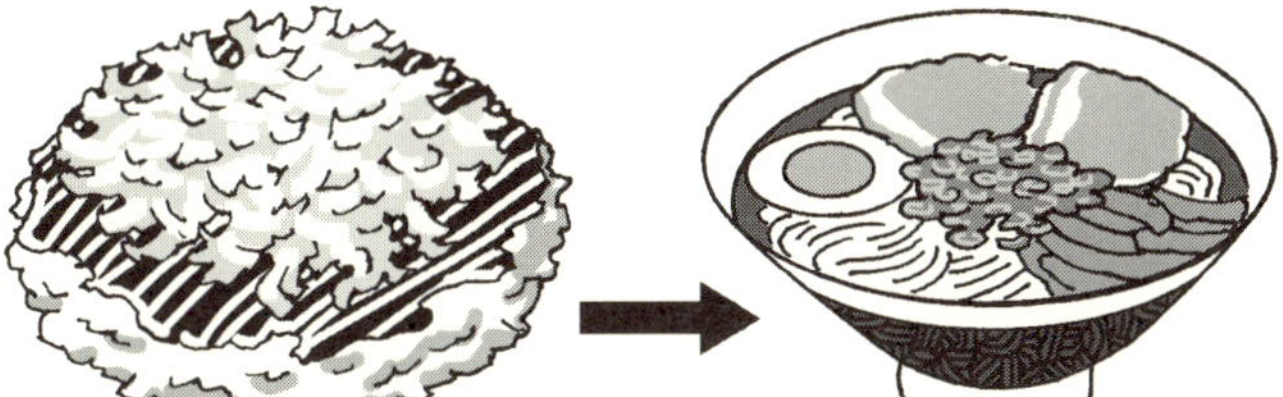

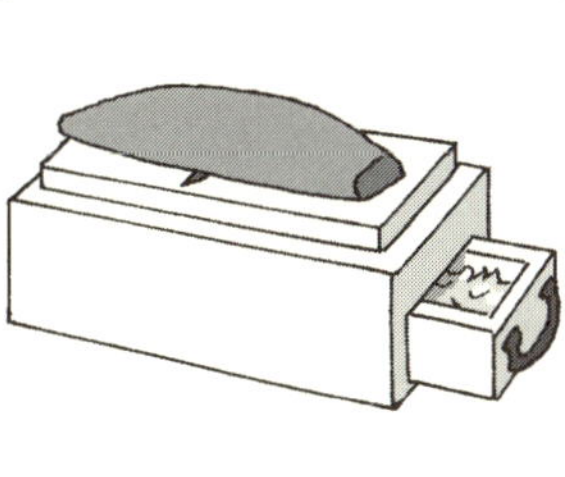

つけいろいろな料理に無意識にかつお節を使っているからです。お好み焼きやたこ焼きがそうです。かつお節がかかっていないそれらは考えられません。おにぎりにも焼きうどんにもかつお節が当たり前のように使われます。

一番の理由は香りです。独特の香ばしさが食欲をそそり、おいしさを引き立てます。幼い頃からその香りで育った人は、かつお節が使われていないと物足りなくてしかたありません。

ラーメンにかつお節を使うことを思いつくのも、やはりこの香りです。あぶらっこいラーメンだけに、そのスープの中から立ち昇るかつお節特有の香ばしい香りは、豚骨や鶏ガラなどの動物系のスープだけからは生まれない、独特な味わいをかもしだします。

地域で異なる使われ方

かつお節は地域によって使われ方が異なります。関東、関西、中部地区と大きく分けた時、特にそばやうどんなどの麺つゆで違いが見られます。

関東の場合、そばで一番好まれるのはもりそばです。つゆにそばをからめて食べることで、そばつゆには濃い味の「からめる汁」が使われます。一方、関西での中心はうどんです。それには吸い物のように飲み干すくらいの「吸う汁」が使われます。「からめる汁」「吸う汁」という異なるつゆに、関東と関西の食文化の違いを見ることができます。

また、そばつゆに使われる節も地域によって異なります。関東ではかつお節、そうだかつお節、さば節の3種類、それも本枯節が使われます。また、関東ではつけ汁にしてもかけ汁にしても、必ずといっていいほど「返し」が使われます。返しとはしょう油、砂糖、みりんを合わせてつくるもので、だしと合わせることでまろやかなそばつゆに仕上がります。

関西の場合、つゆづくりにはうるめいわし節を中心に、さば裸節、目近節（そうだかつお節）、昆布を用いるのが普通です。また、関東ではつけ汁とだし汁はそれぞれ別々にだしをとりますが、関西ではどちらにもベースに八方だしが使われます。八方だしとはだしじょう油のことで、用途に合わせて濃度が加減されます。関東の「返し」、関西の「八方だし」、これらがそれぞれの地域のそばつゆを決定づけます。

一方中部地区ですが、ここも独特な形態をとります。まず麺です。きしめんが中心です。これは幅広なのでだし汁がよくからまります。また、麺つゆにも関東や関西とは違った中部地区ならではの特徴があります。愛知県周辺は八丁味噌に代表される豆味噌文化圏です。そこで地域の特色を生かし八丁味噌などを合わせたものが用いられます。それをベースにむろあじ節やかつお節でとっただしが使用されます。

安全安心の自然食品

偽装表示や有害な添加物など、食品に対する問題はあとを絶ちません。毎日口に入れるものだけに、安全安心な食品であることはなによりも重要です。この点かつお節は太鼓判を押せます。カツオの身だけでつくられる正真正銘の自然食品だからです。

しかし、消費者の中には、本枯節の製造工程ででるカビについて心配する人がいます。カビがおいしさをつくりだすと説明しても納得しにくいようです。

カビと一口にいっても、良くないものばかりではありません。優良なカビもあります。食品づくりには欠かせなくて、味噌もしょう油も優良カビからつくられます。かつお節も同じです。だから最後の工程でわざわざカビがつくように温度と湿度を設定し、その部屋の中で何度もカビづけをするのです。

他に、一部の人が気にするものとして、水分を除去するために行ういぶす作業があります。つまり燻煙です。以前、焦げた魚を食べるとガンを招くという話がまかり通ったことがあり、気にする人はかつお節の燻煙にもそれを当てはめるようです。しかし、燻煙でつくられた保存食、いわゆる燻製品は大昔から世界中に数多く存在し、食べられてきました。その点からいっても、かつお節は安心して食することのできる食べ物です。

かつお節は日本が誇る安全安心の自然食品です。いいかえれば、だからこそ神代の昔から今日まで受け継がれてきたのです。

日本古来の調味料

かつお節とおぼしきものが歴史に最初に登場するのは『古事記』においてです。「堅魚（かたうお）」と記述され、古くから日本人の間にかつお節が食されていたことがこのことからわかります。奈良時代の『大宝律令』や平安時代の『延喜式』にも「堅魚（かたうお）」「煮（に）堅魚（かたうお）」「堅魚煎（かたうおいろ）汁（り）」の記載があり、カツオを加工したものが賦役品（ふえきひん）として税の対象になったことが記されています。

ただし、現在のかつお節のように煮熟したのちいぶす作業を行ってつくるようになったのは江戸時代中期からで、それまでは日に干すだけの単純なもので、天気の悪い時だけわらを燃やして火熱で乾燥させていました。

古来より伝わる調味料はかつお節の他にも味噌やしょう油があります。ただし、これらがかつお節と決定的に異なるのは、味噌やしょう油が中国から伝来したものであるのに対し、かつお節は純粋に日本で生まれた食品である点です。私たちの遠い祖先が黒潮にのって回遊してきたカツオを使ってつくりだした独自のものがかつお節で、その点からもわが国における調味料のルーツといえます。

ところで「かつお節」の名ですが、なぜ「節」という字がついているのか、疑問に思う人がいるかもしれません。節は指の関節に見られるように、こぶ状のものをさします。しかし、かつお節にはそれはどこにも見当たりません。その名はどうやら製造からつけられたと考えるほうが自然です。日に干していたことから、「鰹干し」が転じて「かつお節」に、あるいはいぶしてつくるようになったことから「カツオいぶし」が「かつお節」になったと推察できます。なお、呼び名は地域によって変化し、関西方面やかつお節業界では「フシ」、伊勢・和歌山方面では「カトボシ」、関東・北陸地方では「カツブシ」「オカカ」、鹿児島地方では「ガラ」と呼ばれたりもします。

今でこそかつお節のつくり方は誰でも知ることができますが、江戸時代は秘法中の秘法で、特に土佐藩では燻乾法が他の藩にもれないように厳重な警戒態勢を敷いていました。燻乾法が公になるのは明治中期に入ってからです。それだけかつお節はその地域にとって最重要の特産品だったのです。

結婚式とかつお節

かつお節は古来祝い事に用いられてきました。その代表が結婚式の引き出物です。かつお節には雄節と雌節の別があり、まずそこからきています。大き目のカツオは血合いを境に左右に切り分けられ、背のほうを雄節、腹のほうを雌節といいます。この二つを合わせると一対になるところから夫婦一対を表し、引き出物に使われるようになったのです。またこれらを合わせた形が長寿を意味する亀の甲羅にも似ているので、めでたい意味で使われました。

他にも、かつお節は鼻と呼ばれる頸肉の部分を大事にします。その先端を五角の梅鉢形に削ってつくるのですが、それとかつお節の表面の黒皮を松の緑に、削り肌に残る鰹縞を笹の葉模様、つまり竹に見立て、合わせて松竹梅とするところから、祝いの品になったともいわれます。

他にもかつお節はいろいろなところで使われています。漢字を当てはめると「勝男武士」になるので、元気な子に育つようにと出産祝いに、また「勝つ男」になぞらえて、七五三、入学の内祝い、快気祝いなどにも使われます。なお「松魚節」「鰹夫婦節」の当て字もあります。

第二章

かつお節で元気になる

良質なたんぱく質の宝庫

かつお節はおいしいだけでなく栄養成分が詰まっている健康食品です。まず、ずばぬけて多いのがたんぱく質です。カツオの約26%、かつお節の約77%、なまり節の約55%を占めます。まさにかつお節はたんぱく質の宝庫です。

ただし、たんぱく質は量が多ければいいというわけではありません。質も問題です。たんぱく質をつくっている20種のアミノ酸の内、人体でつくることのできない9種の必須アミノ酸が食品中にきちんと含まれているかどうかです。イソロイシン、ロイシン、リジン、メチオニン、フェニルアラニン、スレオニン、トリプトファン、バリン、ヒスチジンがすべて入っているかどうかです。

では、かつお節はどうでしょうか。かつお節にはこれらがどれも含まれるのです。中でもリジンが大変豊富です。リジンはお米にはあまり入っていないので、かつお節を入れたおにぎりや、ごはんにかつお節をふりかけるのは、お米に足りないリジンを補う上でも大変理にかなっています。

他に微量の成分としては、リン、カリウム、ビタミンDがやや多く、各種の遊離アミノ酸、イノシン酸、ペプチド類、乳酸その他の有機酸、糖類などの水溶性成分、さらに不飽和脂肪酸のＥＰＡ、ＤＨＡが含まれます。

カツオのパワーの源

カツオは回遊魚です。広大な海を休みなく泳ぎ回っています。いったいそのエネルギーはどこからくるのでしょうか。

かつお節といえばイノシン酸といわれるほどかつお節にはイノシン酸が豊富です。イノシン酸はカツオの体内にあるＡＴＰという物質が、魚が死んだあと酵素によって分解されてできるものです。

ＡＴＰはアデノシン三リン酸の略で、三リン酸のリン酸が１個とれてＡＤＰ（アデノシン二リン酸）になり、この時エネルギーが発生します。反対にＡＤＰ

にリン酸が1個くっつく、つまりATPになるとエネルギーが蓄えられます。つまりATPは細胞内でエネルギーを貯蔵する物質で、カツオにはこれが大量に含まれるのです。このATPのおかげでカツオは広大な海域を高速で泳ぎ続けられるだけのエネルギーを持ちます。

カツオにATPが大量に含まれることから、かつお節にはATPから変化するイノシン酸が豊富です。エネルギーの元となるイノシン酸がいっぱい詰まった食品、それがかつお節なのです。

イノシン酸は全身の細胞を活性化させる重要な成分です。DNAをつなぐ物質（アデニン・グアニン）の原料となります。イノシン酸は肝臓でもつくられますが、20歳を境にその合成能力は減退します。それにつれ細胞の活性化がスムーズでなくなり、つまり細胞の老化が始まります。イノシン酸が不足するとDNAがつくられず、新しい細胞が生まれないために、老化が進みます。

いつまでも若々しくあるために細胞の活性化は重要です。それに深く関与するイノシン酸が体内でつくられにくくなれば、あとは外から補うしかありません。

それにもっとも適しているのがかつお節です。なんといってもかつお節はイノシン酸の宝庫です。

かつお節は日々の活力を生む現代人にとって頼もしい食品です。

注目を集める疲労回復効果

イノシン酸以外では、ペプチドも近年注目を集めています。カツオはペプチドをもっとも多く含みます。

ペプチドはアミノ酸がいくつか結合してできる物質です。たんぱく質は体内に入ると分解されて吸収されますが、その時ペプチドとなって細胞に運ばれます。小腸にはペプチド専用の取り込み口があり、そのためアミノ酸より吸収スピードが早く、しかも栄養効果も高いことから注目が集まるようになったのです。

ペプチドが体にもたらす最大の効果は疲労回復です。

疲労とは水素イオンがたまった状態をいいます。水素イオンは体内でエネルギーをつくりだす過程で発生するのですが、これがたまってしまうのです。これでは新しいエネルギーをつくりだすことができません。かつお節のペプチドはこのたまった水素イオンを除去してくれます。また、疲労物質である乳酸を分解する酵素を活性化する働きもあります。どうも最近疲れがたまってしかたないという時などは、かつお節を大目にとってください。知らぬ間に疲れがとれているでしょう。

かつお節の疲労回復効果は学会でも報告されています。約10年前、「日本栄養・食物学会」で味の素食品研究所の黒田素央農学博士によって発表されました。

実証実験ではまず、3時間で1キロ走らせたマウスに濃度25%のかつおだしと蒸留水をそれぞれ与えました。この運動量は人間だとゆるやかなジョギング程度に相当します。その後、再び測定したところ、かつおだしを与えられたマウスは蒸留水だけのマウスより5倍も多く動き回り、しかも、蒸留水だけのマウスの2倍もエネルギーが残っていたのです。活発に運動し、それでいてまだたっぷり余力がある、その源はかつおだしによることがこれではっきりしました。この実験結果から、かつおだしに疲労回復効果があることが科学的にも証明されたのです。

このパワーをつくりだしているのがペプチドで、アンセリンとカルシノンという物質です。

また、ペプチドには他に、もう一つの効果があります。集中力アップです。神経細胞ニューロンにたまった水素イオンをかつお節のペプチドが取り除いてくれ、その結果、神経伝達がスムーズになり、集中力が高まります。受験生を始め神経を集中させたい人などにはかつお節は強い味方になります。

現代人を支えるＥＰＡ、ＤＨＡ

ＥＰＡとＤＨＡという不飽和脂肪酸のことは耳にしたことがおありでしょう。

脂肪酸は脂質（油脂など）を構成している成分で、それには飽和脂肪酸と不飽和脂肪酸があります。牛や豚の脂は飽和脂肪酸、魚の脂は不飽和脂肪酸です。飽和脂肪酸は健康に良くなくて、体内で固まりやすく血液をドロドロにし、中性脂肪やコレステロール値を上昇させるので注意が必要です。不飽和脂肪酸はその逆で、中性脂肪やコレステロールを減少させ、血液をサラサラにしてくれます。生活習慣病が心配な現代人には強い味方といえます。

ＥＰＡとＤＨＡは魚介類、特に青魚に多く含まれます。カツオは青魚ですから、不飽和脂肪酸のＥＰＡとＤＨＡが豊富です。カツオから抽出したカツオ油にはＥＰＡが５％前後、ＤＨＡが28％も含まれます。

では、かつお節に加工された場合はどうでしょうか。その値を見てみると、脂肪酸総量１００ｇ当たりの含有量は、ＥＰＡが５・５ｇ、ＤＨＡが31・７ｇです。これを生カツオや生ソウダガツオと比較すると、生カツオはＥＰＡが６・２ｇ、ＤＨＡが24・８ｇ、生ソウダガツオはＥＰＡが８・９ｇ、ＤＨＡが22・８ｇですから、かつお節に含まれるＥＰＡはこれら生の状態に比べ少し少ないものの、ＤＨＡに至ってはこれらよりまさっていることになります。

ＥＰＡはエイコサペンタエン酸、ＤＨＡはドコサヘキサエン酸といい、どちらも血液の流れを良くし、動脈硬化などの生活習慣病を予防する働きを持っています。また、ＥＰＡは中性脂肪を減少させる効果が高く、一方ＤＨＡはコレステロールを下げる効果が高いという特徴があります。

他に、ＥＰＡには炎症を抑える働きもあり、アトピー性皮膚炎や花粉症などの緩和に役立ちます。一方、ＤＨＡには脳を活性化させる働きがあります。

昔に比べて最近は魚離れが進んでいるといいます。魚独特の匂いや、骨が歯にあたったりひっかかったりすることなどが原因のようですが、かつお節ならその心配はいりません。しかも生のカツオ同様にＥＰＡやＤＨＡが豊富です。日頃か

ら進んで食べていただきたいと思います。

日本人に厳しい〝塩分控えめ〟

「塩分控えめ」がいわれるようになって久しいのですが、減塩がいかに重要であるかを示す研究結果が最近発表されました。厚生労働省研究班「多目的コホート研究（ＪＰＨＣ研究）」によるもので、２０１０年2月に米国栄養学会発行の医学雑誌に掲載されました。

これは岩手、秋田、長野、茨城、新潟、高知、長崎、沖縄の8県に住む45〜75歳の約8万人を対象に、塩分、塩蔵食品の摂取量とがん、循環器疾患（心筋梗塞、脳梗塞）の発症との関連を調べたものです。塩分の摂取量と塩蔵魚類、干魚、漬物、塩辛、たらこなどの食品の摂取量に応じて対象者を5グループに分け調査しました。

結果、1日当たり17・8gと塩分摂取量の多いグループは、同7・5gと少ないグループに比べて循環器疾患の割合が2割も高く、また、塩蔵食品の摂取量が多いグループは、なんらかのがんを発症する危険性が約1割高いことが示されたのです。全体的にみると、6~9年間の調査期間中に4476人がなんらかのがんにかかり、2066人に心筋梗塞や脳梗塞の発症が認められました。塩分の取りすぎががんや心筋梗塞、脳梗塞を招きやすいことがこの調査で確認されたのです。

日本人の塩分の取りすぎは、1950年代には1日平均20gにも達していました。しかし警鐘が功を奏して徐々に減少し、現在は成人男性で11・9g、成人女性で10・1gです。しかし、これでもかなり多いのです。

以前、国が勧める塩分の1日の目標摂取量は男性で10g未満、女性で8g未満でした。この時でさえ基準を上回っていたのに、今はその差がもっと大きくなっています。というのも2010年に1日の目標摂取量が5年ぶりに改正され、現在は男性9g未満、女性7・5g未満です。以前よりさらに厳しい設定です。しかし、これでもまだゆるいとみなされるらしく、WHO国際高血圧学会や日本高血圧学会が推奨する1日の目標摂取量は6g未満です。イギリスやアメリカを始めとする世界各地でも6g未満が基準になりつつあります。

日本は干魚や塩漬けのものなど塩味の強いものが伝統として受け継がれ、調味料もまた、味噌やしょう油など塩分の多いものが使われてきました。このような食文化の中で、私たちは果たしてどう塩分を抑えたらいいのか。そのキーワードとなるのがだしといえるのです。

だしで減塩

塩分の取りすぎが良くないのは高血圧と密接な関係があるからです。高血圧は日本人に多い病気で、成人男性の約5割、女性の約4割にも達します。心筋梗塞や脳梗塞は高血圧が引き金となって起こります。これらの循環器疾患を予防するためには高血圧にならないようにすること、それには塩分を控えることを避けて通れません。

しかし、普段から塩辛いものが好きな人にとっては塩分を減らすのは大変な努力がいります。舌が塩味を欲し、ついつい口にしてしまいます。そのような時に大きな力となってくれるのがだしです。料理にだしがしっかりきいているとあとの味つけを薄くすることができ、結果的に減塩につながります。

そのいい例が沖縄の人の食事です。沖縄県はかつお節の消費量が全国一です。ところが食塩の摂取量は全国平均の約半分で日本一少ないのです。このことは、かつお節を多用すれば食塩をあまり使わなくてもすむことを示しています。沖縄料理の特徴は時間をかけてとるだしにあります。代表的なゴーヤ・チャンプルにしても、たっぷりのかつお節からとっただしが使われます。かつお節でしっかりだしをとれば、食塩を抑えることができ、それでいておいしい料理がつくれることを教えてくれます。

また、だしだけでなくかつお節を料理にかけることでも、その効果が発揮されます。たとえば大根おろし。おろし大根だけだと物足りなさからしょう油をつい大目にかけてしまいます。しかし、かつお節をのせるとどうでしょう。かつお節の香りによって、かけるしょう油の量は少なくても十分おいしくいただけます。

たこ焼きや焼きうどんも同じです。かつお節が料理の本体としょう油やソースの間で緩衝役まで果たし、塩分の取りすぎをセーブしてくれます。

塩蔵魚類や干魚など塩分の取りすぎには十分注意すると同時に、かつお節でとっただしをおおいに料理に利用することで減塩を図りましょう。

メタボ対策にかつお節

塩分の取りすぎと共に現代人にとって問題なのが太りすぎです。つまり肥満です。肥満は脂肪の割合が多すぎる状態のことで、健康を保つ上でも問題です。他にも最近、問題視されているのがメタボです。メタボリックシンドロームの略ですが、これは内臓脂肪型肥満（内臓肥満、腹部肥満）に高血糖、高血圧、高脂血症の内2つ以上を合併した状態をいいます。

肥満やメタボを放っておくとどのような病気になりやすいかといえば、狭心症、心筋梗塞、脳卒中、糖尿病、高脂血症、高血圧などで、他にも睡眠時無呼吸症候群や、胆石、乳がん、大腸がんなどのリスクが高まります。肥満もメタボもあなどってはならないものです。

肥満やメタボを解消するにはダイエットが必要です。運動だと有酸素系のジョギング、水泳、エアロビクスなどが有効ですが、一番ポピュラーな方法といえば、やはり食事制限です。

ダイエットは健康的に行わなければ意味がありません。カロリーを極端に落とすような方法ではいけません。しかし、ダイエットをする人に多く見かけるのはカロリーばかりを気にして栄養をおろそかにしがちなことです。低カロリーで、しかも栄養も豊富なものをとることがダイエットの絶対条件です。

この点かつお節はこの条件にぴったり当てはまります。脂肪分は3％にも満たなくて、それでいてたんぱく質は77％と多量です。また、カルシウム、リン、鉄、ナトリウム、カリウムなどの無機質や、ビタミンB_1、B_2、D、ナイアシンなども含まれていて、とかく栄養バランスがくずれがちなダイエットにおいて、心強いサポーターとなってくれます。

さらに、かつお節の香りもダイエットを助けます。特に削りたてのかつお節から立ちのぼるあの香ばしさは、カロリーを抑えた料理を前にして減退しがちな食欲をわかせてくれます。同時に、不足しがちなたんぱく質も補えます。もし、サラダを中心に据えたダイエットをしているなら、最後にひとつまみかつお節を加えてみてください。ちょっと味気ないサラダもおいしくいただけるはずです。

肥満やメタボで悩んでいる方は、ダイエットにかつお節をぜひ取りいれることをお勧めします。

独特な香りの正体

ダイエット中はかつお節の香りが食欲を助けると先にお話ししましたが、香りは単においしさを感じさせるだけにとどまらず、実際より味を濃くする働きも持っています。

それは実験で証明されています。グルタミン酸とイノシン酸を配合した調味料の中に食塩を適量入れ、熱湯を足してから2つのコップに分けます。一つはそのままにし、もう一つにはかつお節から抽出した香りを1滴加えます。こうして用意したものを試験者に口にしてもらったところ、12名全員が後者のほうが味が濃くておいしいと答えたのです。これは塩分の取りすぎを心配する人にとって嬉しいことです。なぜなら味が薄いと思うから人は塩を加えたり、しょう油をたくさんかけたりするのです。味が濃いと感じるなら、自然にそれを控えます。

ところで、かつお節のいい香りは何でできているのでしょうか。他の食品では

味わえない独特のものです。そこで特定の成分によると考えがちですが、そうではありません。これがかつお節の香り成分といえるような代表格はまだ見つかっていません。というより、その香りは複数の成分の微妙なバランスによって生みだされていると考えたほうが正しいのです。

他に類のないかつお節特有の香り、それらはいろいろな香りが呼応し合い、まじり合ってできたものなのです。

朝ごはんとかつお節

みなさんは朝ごはんを食べていますか。そのような質問をしなければならないほど、近年朝食をとらない人が増えています。1999年以降増加し続け、20代を中心に30代、40代、10代へと広がっています。20代では男性の3人に1人、女性の5人に1人が朝食を食べないで通勤通学をしています。一人世帯で見ると男性の7割、女性の3割もの人が朝食をとっていないという現状です。

朝食は英語でｂｒｅａｋｆａｓｔといいます。ｂｒｅａｋはやめる、こわす、ｆａｓｔは断食。つまり断食をやめたあとの食事の意味で、そこから朝食とは夜寝ている間に空っぽになった胃袋を満たす最初の食事をいいます。

夜寝ている間に胃袋が空っぽになるということは、朝起きた時に体を動かすエネルギーがないということです。ガソリンというエネルギーがなければ車も走らないように、人も体の中にエネルギーを持っていないと活発に動けなかったり、頭もよく働かなかったりします。その状態で会社や学校に行っても、午前中はぼうっとして仕事に身が入らなかったり勉強に集中できなかったりします。

朝、エネルギーをつくりだすもの、それが朝食です。朝ごはんを食べることで胃が働き始め、腸も動きだします。夜の間に下がっていた体温も徐々に上がり、体や脳も動き始めます。こうして1日が元気にスタートします。

それほど朝食は大事なのですが、とはいってもぎりぎりまで寝ていたり、支度に時間をとられて朝食までつくる暇がないという人も多いでしょう。また、起きてすぐでは食欲もわかないかもしれません。そのような時はまずごはんにかつお節をかけてみてください。かつお節のいい香りが食欲をわかし、他のおかずにも自然と手がのびるはずです。その上、かつお節だけからもたんぱく質がとれ、もちろん他のおかずからもいろいろな栄養素を摂取できます。

朝食をとらないと、元気がでないまま1日の半分をすごすことにもなりかねません。そうならないためにも、しっかり朝ごはんを食べましょう。かつお節がそのお手伝いをします。

単身者になによりの味方

単身者に朝食抜きの人が多いことは先述した通りです。独身の人や単身赴任で一人暮らしを強いられている人などに共通する悩みといえばやはり食事でしょう。料理が得意であれば問題ありませんが、そうではない人は外食が多くなったり、インスタント食品ですましたり、あるいは食事を抜いたりしがちです。これでは栄養状態が悪くなって、思わぬ病気を招くことにもなりかねません。それでなくても、なんとなくいつもだるい、疲れやすい、すぐにスタミナが切れてしまうなど、弊害がでやすくなります。

単身者が一番不足しがちなのはたんぱく質です。たんぱく質は数ある栄養素の中でももっとも大切で、不規則な食生活では真っ先にとれなくなるものです。

そこでお勧めしたいのがかつお節です。かつお節にはそのたんぱく質が豊富に含まれます。かつお節はたんぱく質でできているといってもいいくらい、その量が多いのです。たんぱく質を補うのに最適の食品です。他にも、かつお節にはビタミン類やカルシウム、鉄なども含まれますから、外食やファーストフードなどに頼りがちな単身者にはこれらの栄養素も摂取できて、心強い限りです。

料理が苦手だと煮たり焼いたりするのがおっくうですが、かつお節なら冷奴にかけるだけ、おにぎりに入れるだけ、パンの間にはさんでもおいしいですし、うどんやおそばにひとつかみ入れてもいい香りがして食が進みます。単身者にとってなによりの味方、それがかつお節です。

美しい肌はかつお節でつくる

美容に関して、こうでありたいと女性が望むものの一つが美しい肌です。肌は加齢にしたがって衰えていくものですが、それでも人によっては同じ年齢でも若々しい肌の人もいれば、反対に荒れたりくすんだりした肌の人もいます。もちろん内蔵が悪くてそれが肌に現れていることもあるでしょうし、紫外線に無防備なために肌を悪くしている人もいるでしょう。そのような原因がなければ、栄養面を疑ってみる必要があります。

美しい肌をつくるのははりとなめらかさです。はりは皮膚の中の真皮の部分に含まれるコラーゲン（膠原繊維）の働きによってもたらされます。また、なめらかさは表皮を構成する粘質多糖体の力によります。粘質多糖体には硫黄を含むものと含まないものの2種類があり、肌がなめらかでなくなるのは、硫黄を含む粘質多糖体が不足するためといわれています。

硫黄はたんぱく質の中の必須アミノ酸の一つであるメチオニン（含硫アミノ酸）に含まれます。コラーゲンもたんぱく質の一種です。いいかえれば、日ごろからたんぱく質を十分とっていないと、コラーゲンの働きが弱くなり、粘質多糖体も不足して、その結果、肌ははりやなめらかさを失ってしまうことになります。

この点、かつお節はたんぱく質が豊富です。しかも必須アミノ酸の中のメチオニンも含まれ、美しい肌を保つ上での条件が整っています。

毎日少しの量でもいいですから、かつお節を食べるようにしましょう。そうすることによってはりがあってなめらかな美しい肌を維持することが可能です。

オリンピック選手をサポート

オリンピック選手を始めアスリートが競技で勝つには強い筋肉が必要です。そのためアスリートは日ごろから筋肉トレーニングを怠りません。ただし、それだけで十分かといえばそうではないのです。食事も重要です。なぜなら筋肉づくりに必要な栄養素は食事でしかとれないからです。筋肉をつくるのはたんぱく質です。たんぱく質を食事で多くとることが筋肉づくりには欠かせません。また、高たんぱく食は疲労回復や運動機能をも増進させる効果があります。

筋肉づくりに必要なたんぱく質を多く含む食品といえば、卵、魚、肉、大豆、チーズなどがあります。その中で高たんぱくなのは卵で、卵2個（約100g）の中にはたんぱく質が約12gも含まれます。しかし難点もあって、卵はコレステロールが高いこと、黄身には脂肪が多いことです。その点、魚肉は良質のたんぱ

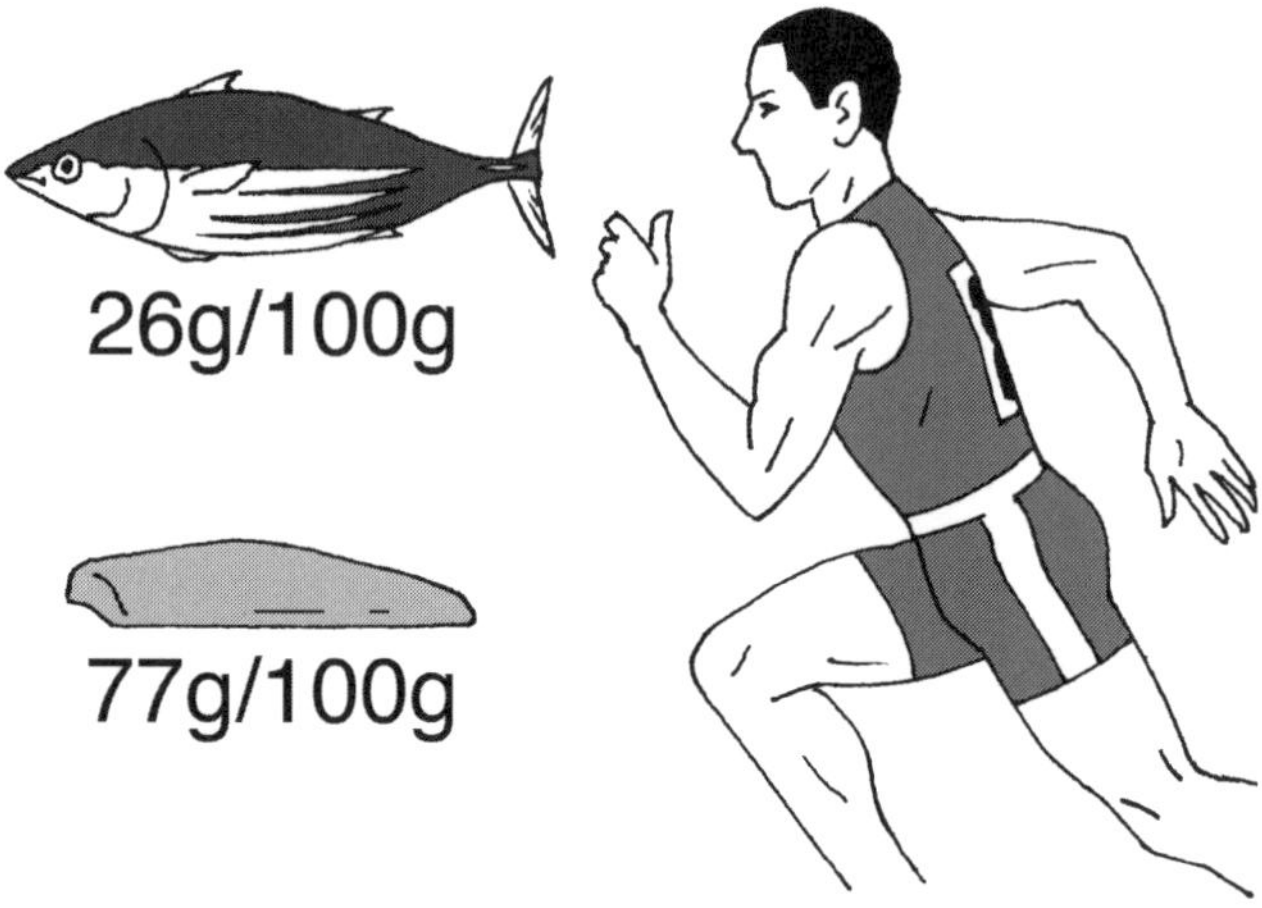

く質で、しかも牛肉や豚肉などの畜肉と違って脂肪も少ないというアスリートには理想的な食材です。

カツオには約26ｇのたんぱく質が含まれます。他の畜肉、たとえば鶏のささみで約24ｇ、牛肉のもも肉で21ｇですから、これらと比較しても、カツオにはたんぱく質が多いことがわかります。ただし、かつお節になるとその比ではなくて、3倍の77ｇも含まれるという量の多さです。とびぬけて豊富なのです。

アスリートの1日あたりの所要エネルギーは約3000㎈ですが、たんぱく質からとるエネルギーの割合は常に13～14％は必要です。グラムに直して約100ｇはとることが望まれます。もちろんかつお節でそのすべてをまかなうのは無理ですが補うことはできます。いろいろな料理に脇役として使うことで、たんぱく質の確保に役立てていただきたいと思います。

ストレス解消に役立つひと削り

現代社会に生きる以上、人は多かれ少なかれストレスをかかえています。極度のストレスは体をもむしばみますから、軽視できません。そこで人は運動や趣味でストレスを解消したりします。それもいいのですが、一番身近な方法は食事です。というと、おいしいものを静かな音楽をかけながらゆったりといただく、というふうに聞こえるかもしれませんが、それとは別に、良質のたんぱく質をたくさんとることがストレス解消に大変効果があります。

人はストレスを受けると、副腎皮質ホルモンの分泌が増し、体内の代謝が高まって、ビタミンCを始めとする各種のビタミン類とたんぱく質が消耗されます。その結果、体力が衰えてきます。

ですから、ストレスを感じたらたんぱく質不足と考えて、積極的に良質のたんぱく質をとるようにしてください。いいかえれば、日ごろからたんぱく質を十分とっていれば、ストレスをかかえにくい体質ができあがることになります。

この点、かつお節は良質のたんぱく質の宝庫です。驚くほどの量が入っています。しかも、冷奴やおひたしなどにひとつまみかけるだけでいいという手軽さも持ち合わせています。ストレスをかかえている時は食欲もなくなりがちで、手間暇かけて料理をつくる気分にはなれないものです。そういう時、ごはんにまぶしたり、サラダの上にぱらぱらとかけるだけでたんぱく質が補え、その結果、ストレスからも早く立ち直れます。

第三章

かつお節の秘密を知る

かつお節とその仲間たち

かつお節はカツオを原魚としてつくられます。わが国でとれるカツオは年間約30万トンで、その内約半分がかつお節に加工されます。

節類はかつお節、かつおなまり節、そうだかつお節、さば節、その他の節類、削り節の6種類に大別されます。また、かつお節、カツオ以外を原魚にしたその他の節類、魚の種類に関係なく削り花にした削り節の3種類に分けられることもあります。それぞれみていきましょう。

かつお節は煮熟、焙乾などの工程を経てつくられるもので、1尾のカツオから4本の節をとる本節と2枚の節をとる亀節に分かれます。戦前まではそうだかつお節まで含めてかつお節といわれていました。

かつおなまり節は煮熟しただけか、その後一度焙乾しただけのものです。水分を多く含んでいるので長期保存はできませんが、煮つけや酢の物に使うと美味です。関西では生節と呼ばれます。

そうだかつお節はマルソウダガツオとヒラソウダガツオを原料にしています。西日本ではマルソウダガツオを目近と呼ぶところから、目近節ともいわれます。味、色ともに濃く、良質のだしがとれるので、業務用の麺つゆの原料の大半を占めます。

さば節はゴマサバを主たる原魚につくられます。煮熟後焙乾した節がほとんどです。業務用の削り節に加工され、温かいつゆに適しています。

その他の節類には、まぐろ節、むろあじ節、いわし節などがあります。

まぐろ節は大型のものではキハダ、小型ものではキメジと呼ばれるキハダマグロが原魚です。1・5～3kgのものが節に加工され、関東ではめじ節、関西ではしび節ともいいます。淡白な味と薄い色のだしがとれることで、上品な椀に仕立てるのに向いています。

むろあじ節の原魚はムロアジ。関東で使われることはあまりなく、中部地区が中心で、うどん店でよく消費されます。だしは黄色みを帯び、味はさば節よりまろやかでさっぱりしています。

いわし節はカタクチイワシ、ウルメイワシ、マイワシ、タレクチイワシなどからつくられます。関西だけで使用されるのが大きな特徴です。関西では数ある節の中でも一番よく用いられます。使用時は昆布を合わせるのが一般的で、煮物、うどん、みそ汁のだしに向いています。

カツオのプロフィール

かつお節になるカツオとはどんな魚か、最初に見ておきましょう。

カツオは赤道をはさんで北緯40度から南緯40度の間の水域を季節によって移動する回遊魚です。いつも群れをなし、回遊する距離は年間2500㎞にも及びます。生後4年で75㎝前後に成長し、一歳を過ぎる頃には産卵が可能です。

日本沿岸に棲息するカツオは南太平洋で生まれ、3つのルートによって日本近海にやってくるとみられています。一つが黒潮本流にのって南西から伊豆沖へ至

カツオの回遊3つのルート

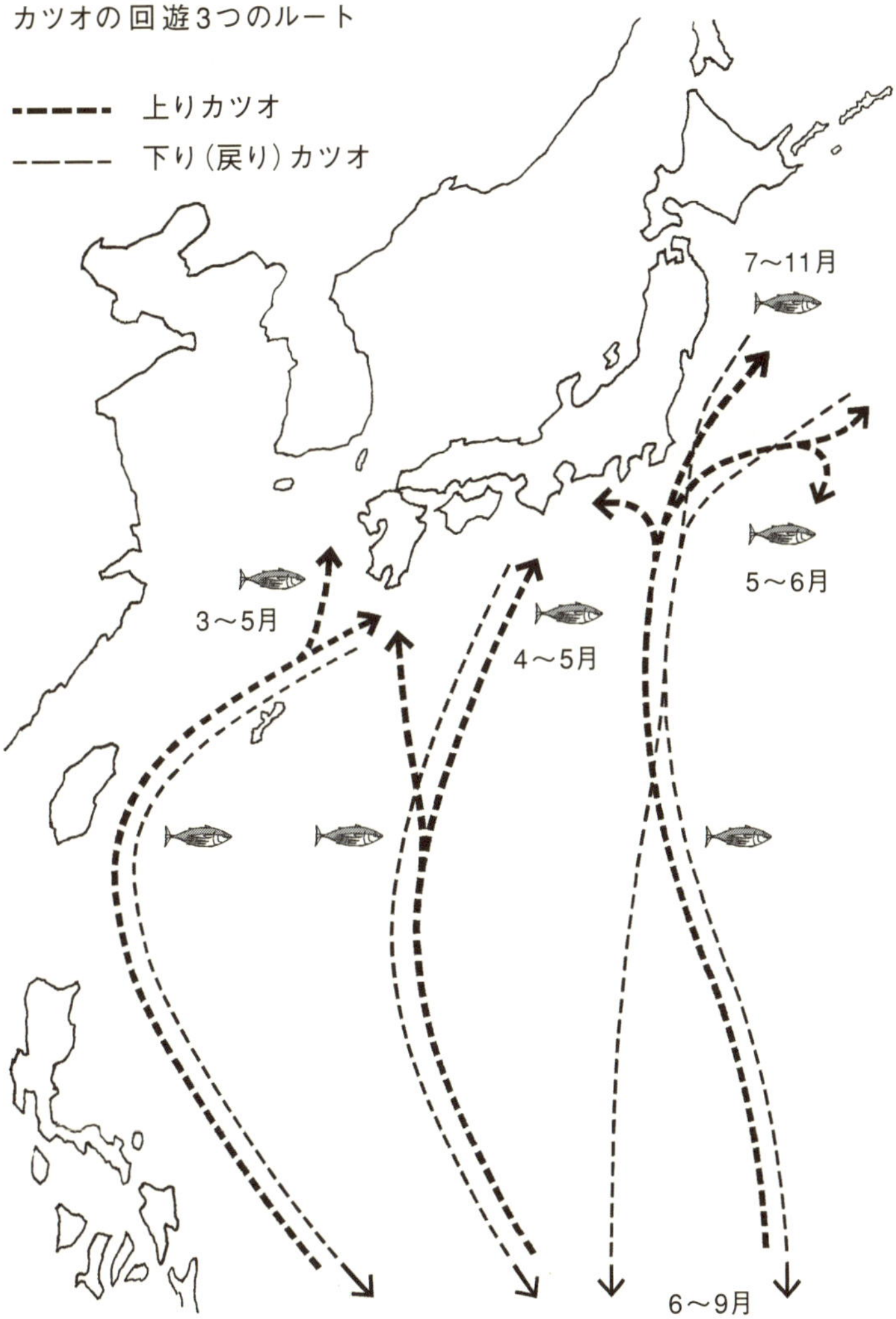

るルート。２つ目が小笠原海域から北上して伊豆沖へ達するルート。３つ目が黒潮本流と小笠原海域の中間を北東に進み、伊豆沖へ向かうルートです。こうして伊豆沖で合流すると、太平洋を東北沖へと進むとみられています。これを釣ったのが、いわゆる初ガツオです。

太平洋沿岸を北上したカツオは黒潮と親潮とがぶつかる三陸沖まで進むと、秋に親潮の勢力が強くなる頃、今度は南下を始めます。このカツオを戻りガツオ、あるいは下りガツオといい、秋の味として初ガツオより好まれたりもします。低い水温の影響で脂がのっています。

日本近海でとれるカツオは近年小型化し、漁獲高は減少しているのが実情です。

かつお節になる魚

かつお節や削り節の原料となるカツオですが、カツオと名のつく魚にもいろいろあります。その違いを挙げておきましょう。

かつお節に使われるカツオは一本釣りによるものが主体でした。しかし、近年は大型巻網漁による漁法も盛んに行われています。また輸入かつお節も急増し、フィリピン、インドネシアの2国だけで全体の半分を占めます。他にも中国、ソロモン、ベトナム、モルジブなどからかつお節が輸入されています。

次に、カツオと名のつく他の魚をみてみましょう。それにはスマ、ハガツオ、ヒラソウダガツオ、マルソウダガツオがあり、どれも削り節に加工されます。

スマはスマガツオ、ヒラガツオとも呼ばれ、形はカツオによく似ていますが、両顎以外に歯があることと、胸ヒレの下部に3個ないし数個の黒班があることがカツオと異なります。また、カツオのように大群をなさないのも違う点です。

ハガツオは歯鰹と書くようにカツオより歯が大きく、口元も長くとがっています。形もカツオよりほっそりしていて全身にウロコがあるのが特徴です。

ヒラソウダガツオ、マルソウダガツオは前述したようにそうだかつお節の原料となるものです。一般にいわれるソウダガツオはこれらの魚を指します。ヒラソウダガツオは紡錘形の体形ですが、マルソウダガツオは円筒形をしています。ヒラソウダガツオのエラブタの上部には黒点があり、そこではっきりと見分けられます。大きさではマルソウダガツオのほうが一回り小さく、50㎝くらいにまで成長します。どちらも血合いが多く、刺身や煮物などの料理に使われることはありません。削り節かなまり節に用いられます。

作業工程で異なる呼び名

カツオは基本的に2・5kg以上のものは本節に、それ以下のものは亀節に使われます。

本節は1尾のカツオを三枚におろしてから、さらに血合いを境に左右に切り分けるもので、1尾のカツオから計4本の節がとれます。亀節は血合いを境に分けることはせず、そのまま節づくりに入ります。1尾のカツオから2枚の節がとれます。

本節は背側と腹側で節の呼び名が異なります。背側は雄節、腹側は雌節、あるいは背節、腹節と呼ばれることもあります。見ただけでは雄節と雌節の違いはわかりずらいのですが、雄節はほっそりとして長く、雌節はそれより少し短く丸みを帯びています。

また、かつお節はその形が亀の甲羅に似ているところからつけられました。亀節はその製造工程の段階でも呼び名が異なります。煮熟したあと、水分をだすためにいぶす作業を繰り返すのですが、そうしてできたのが「荒節」です。「鬼節」ということもあります。

真っ黒な色をしたこの荒節を、表面の汚れや余分な肉を削りとって見栄えの良い形に整えたのを「裸節」と呼びます。赤褐色をしているところから、赤はぎ、赤むきともいいます。そのあと日に乾かし、カビづけをする作業を繰り返すのですが、こうして完成したのが「本枯節」です。

かつお節ができるまで

かつお節は節にふさわしいカツオを選ぶことから始まり、10以上の工程を経てできあがります。その間4～6ヶ月。すべて手作業です。これほど長い時間をかけてつくられるかつお節だからこそ、世界に類のないおいしさが生まれるのです。では、一つずつ工程を見ていきましょう。

●カツオを選ぶ

かつお節に使われるのは40～65㎝程度のカツオです。大事なのは鮮度で、鮮度が低いとカツオに含まれた繊維がのびすぎて、しまりのないものになります。ただし鮮度が高すぎても良くなくて、煮熟の際の身割れにつながります。長年この作業にたずさわる人の経験がものをいいます。

刺身にするカツオは脂がのっているほうがおいしいですが、節にする場合はのりすぎていては良くありません。だしがにごりやすくなります。脂は少ないほうがいいのですが、少なすぎるのも不向きで、粘りやつやに欠けます。脂肪含有量は1～2％が適当で、ふさわしいのは4～7月にとれるカツオです。

●生切り

ここから実質的なかつお節づくりが始まります。生切りとは、頭、内臓、余分な肉などを除去してから、かつお節の原形に切りおろす作業のことです。簡単にいうと三枚おろしです。

亀節はこの作業を終えるとすぐに次の工程に回されますが、本節は三枚におろした後さらに左右に切り分けられます。血合いの中央に包丁を入れ、尾のほうから頭のほうに向かって切り分けます。これによって4本の節の原形ができあがります。

●籠立て

籠立ては煮熟するために行われるものです。煮籠に並べるだけですが、並べ方には神経が配られます。ねじれていたり曲がっていたりするとその状態で煮熟されるので、形のいい節にならなくなるからです。一つの煮籠には亀節で12枚、本

かつお節ができるまで

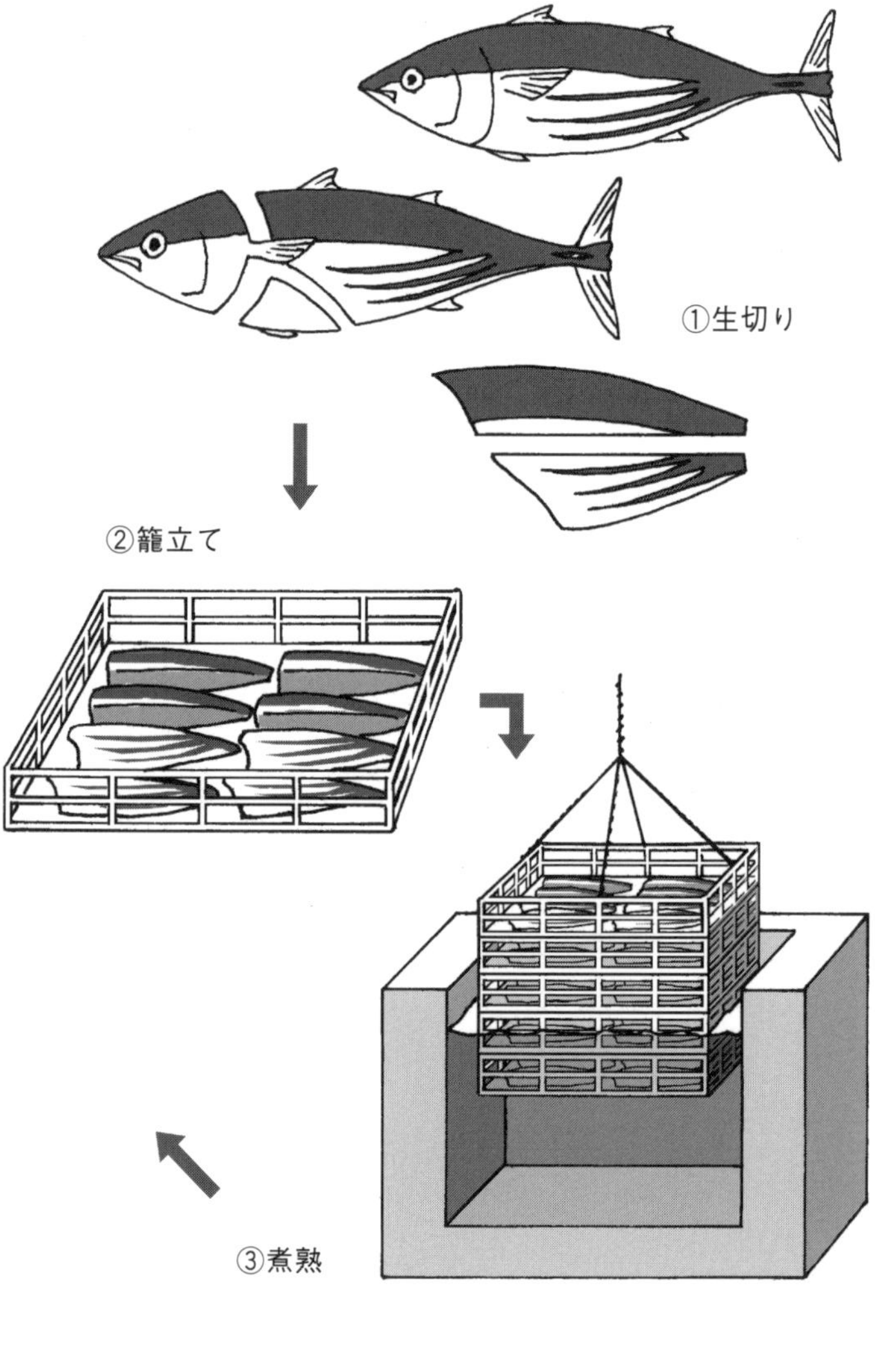

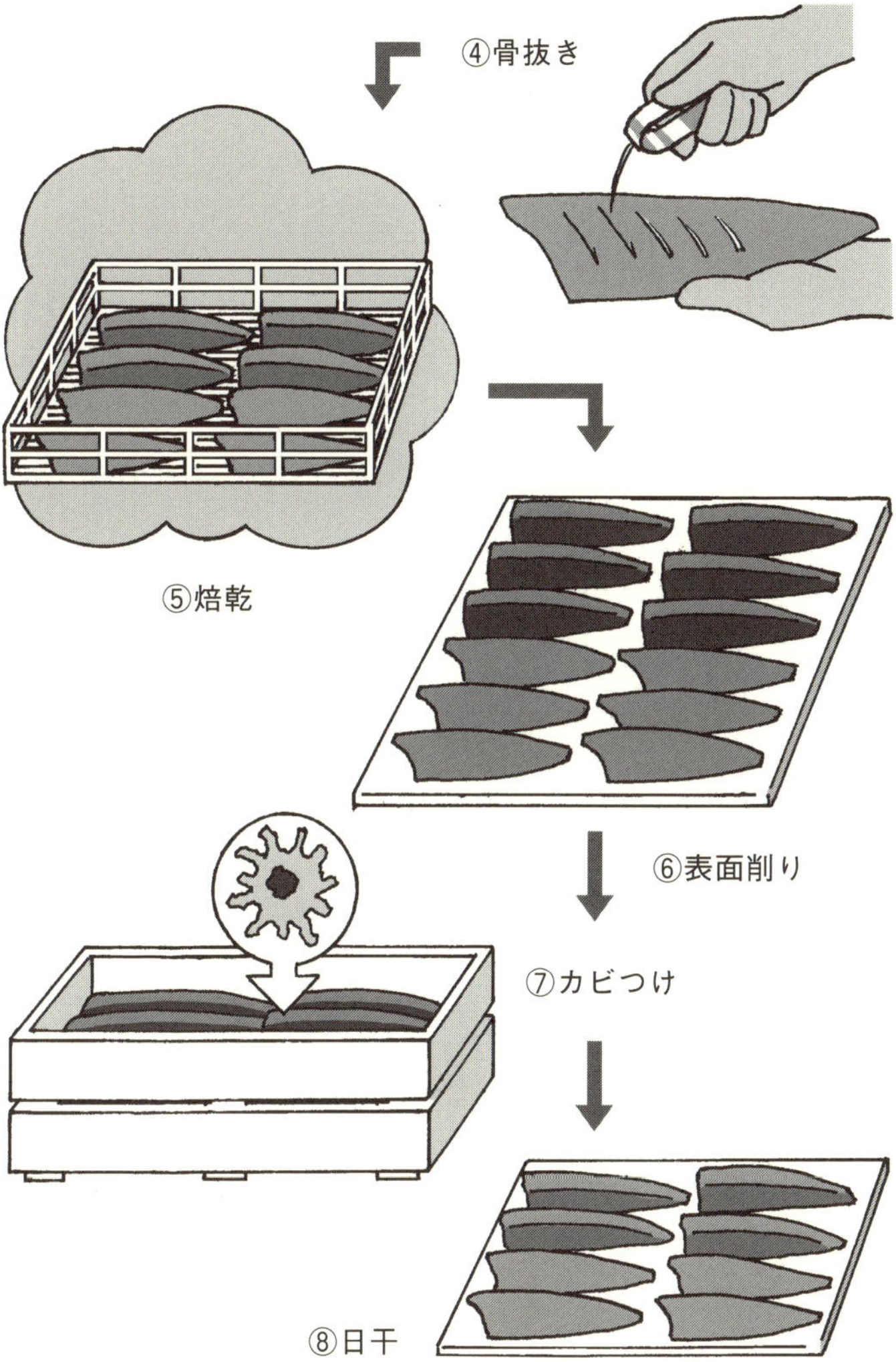
④骨抜き
⑤焙乾
⑥表面削り
⑦カビつけ
⑧日干

節で24本の節が並べられます。本節の場合は背と腹を分けた切断面を下にして、尾のほうを内側、頭のほうを外側にして2列に並べます。亀節もきれいに並べます。鮮度の落ちた節は両手で左右から押し縮め、身をしめた上で籠に入れます。

●煮熟・放冷

次が煮熟です。節が並んだ煮籠を8～10枚重ね、80度前後の湯をたたえた釜に入れます。湯温を98度に上げ、亀節で1時間、本節で1時間半を標準に煮ます。100度にしないのは、釜の底から大きな泡が立ち上がり、節が揺れ動いて煮くずれを起こす可能性があるからです。また、これほど長い時間をかけて煮るのにも理由があって、熱凝固性のたんぱく質を完全に凝固させるためです。これが不完全だと肉のしまりが悪く、味も低下します。完全に凝固させることで、よく肉のしまったクセのない上等なかつお節ができあがるのです。

煮熟が終わると、煮籠から取りだし、風通しの良いところで1時間冷まします。これが「放冷」です。身をひきしめるために行います。こうしてできたのがなまり節です。

●骨抜き

次に行われるのが「骨抜き」の作業です。節を削る時に引っかからないように、また骨があることで形が悪くなるのを防ぐためです。皮、ウロコ、皮下脂肪、汚れなどを取り除いてから専用の道具で骨を抜きます。

骨抜きがすむと、節が完全に煮籠から離れるので、そこからこの工程は「籠離し」とも呼ばれます。

●整形・焙乾

骨抜きが済むと整形（修繕ともいう）工程になります。「生切り」の際に出た中落ちの肉をすり身にしたものを欠損部分に埋め込み、整形します。焙乾とはいぶすことで、燻製、スモークと同じです。

骨抜きを終えた節はまだ68％もの水分を含んでいます。そのためいぶすことで水分を蒸発させ腐りにくくするのです。節を蒸籠、つまりセイロに並べ、ナラやクヌギなどの堅木を使って下からいぶしていきます。

最初に行われる焙乾は「一番火」といい、「二番火」以降と区別して特に「水抜き焙乾」と呼ばれます。それに対して二番火以降の焙乾は「間歇焙乾《かんけつ》」といいます。

焙乾は繰り返し行われます。亀節で6~8回、本節で10~15回です。つまり、亀節だと六番火ないし八番火まで、本節だと十番火ないし十五番火まで続きます。焙乾と焙乾の間にはセイロの上に節を寝かせる「あん蒸」という作業がはさまれます。節の内側にある水分を表面に拡散させ、外にだすためです。かつお節づくりには欠かせません。

「一番火」は表面の水分を取り除き、雑菌を殺してネト（表面にできる雑菌の集落）の発生を防ぐのが目的です。85度~90度の温度で約1時間いぶします。二番火以降温度を低くし、反対にいぶす時間を長くします。最後に2~3日、日に干し、焙乾が完了します。この時、水分は28%ぐらいにまで減少しています。

完成した本枯節の水分は14~15%以下です。

●削り

何度もいぶしたことで節の表面は黒褐色に汚れています。この汚れや焙乾中ににじみでた脂肪分を取り除く作業が「削り」です。また、形を整える目的もあります。焙乾によって熱を加えられたことから凹凸があったり曲がっていたりします。そのままでは形の良い節ができないのでここで形を整えておくのです。他にも害虫や不良なカビを防いで保存力を高めたり香りを保ったりする役目も担っています。「節削り」「削り作り」と呼ぶこともあります。電動グラインダーなどを使って行われます。

●日乾・カビつけ

「削り」の終わった節は最後の製造段階に入ります。「日乾」といって裸節を1～2日間戸外で日に当て、そのあと温度が25～26度、湿度が84～85％の「カビ室」に、籠に詰めた節を入れます。これが「カビつけ」です。夏なら16～17日間で表面に青カビがびっしりはえてきます。これが「一番カビ」です。それを箱から出し戸外で2日ほど日に干し、ブラシでカビを払い落とします。次に風通しの良い日陰で干します。そしてまた箱に詰め、しっかりふたをして「一番カビ」同様にカビ室に戻します。これではえてくるのが「二番カビ」です。

カビの発生までの日数は、カビつけの回数が進むにつれてのびていきます。一番カビまでは2週間、それから1週間以上ずつ長くなります。

カビつけが終わると全工程が終了し、「本枯節」ができあがります。

うま味を決定づけるもの

本枯節の製造工程の最後に行われるカビつけは、おいしいかつお節をつくる上で欠かせません。1回だけでなく何度も繰り返されるのもそのためです。

そもそもなぜカビをつけるのでしょうか。それはカビがかつお節のうま味をつくりだす重要な働きを担っているからです。

カビは一般には嫌われ者です。ただしそれは良くないカビのことです。しかし、かつお節につくカビは違います。かつお節は発酵食品で、優良なカビがつきます。

カビはいぶしたあと日に干す際に自然にはえてきます。ただしこの時は全体にではなく水分量に応じてです。その後「日乾」「カビつけ」を繰り返すにつれ節に含まれた水分が減っていくと、それまでついていたペニシリウム属の青カビがだんだん姿を消し、代わってアスペルギルス属のカビになります。グラウカス、ルーパー、レーペンスなどですが、これらがかつお節の香りに重要な役割を果たします。

さらにこれらのカビはかつお節のうま味をも決定づける効果をもたらします。カビの菌糸が脂肪分解酵素を分泌して中性脂肪を分解し、だし汁の透明度を高めるのです。また、カビ自体が中性脂肪を消費し、節の脂肪含有量を低下させるともみられています。他にも、地肌の中へ菌糸をのばし、内部の水分を吸いだす働きもあります。かつお節のおいしさは、カビがつくるといっても過言ではありません。

優良種のカビがはえた節は全体がきれいな淡灰緑色で覆われています。この色こそが優良種の証拠で、本枯節の質の良さを決定づける重要な条件となっています。

質の良いかつお節の見分け方

かつお節は一つとして同じものがありません。どれもよく似ていますから質の良さまで見分けるのはむずかしいのですが、ここではいくつか目安を挙げておきましょう。

まず、きめの細かい淡灰緑色のカビが薄くはえそろっていることです。脂肪分が多いと脂焼けしやすいために肌合いが濃くなっています。

次が、節の肌色が紅味のある桃色をしていてつやがあることです。かび臭かったりすえた匂いがするものは、つやがあっても良くありません。

3番目は節の皮のしわが細かいもの。脂肪がちょうどよく良質のかつお節です。しわが荒いのは脂肪が多い証拠です。

4番目は形のくずれていない、姿形のきれいなものです。ただし、そば・うどん用や吸物用など、使い勝手によってはこの限りではありません。

一番だし・二番だし

かつお節でとっただしには一般的に一番だしと二番だしがあります。

一番だしは、最初にとっただしのことをいい、二番だしは一番だしのだしがらに水を足し、煮だしてとっただしをいいます。これが他のだしには見られないかつお節独特のものです。

一番だしの特徴は香りとうま味です。二番だしは、一番だしをとったあとの材料にまだ残っているうま味を取りだすのが目的です。一番だしはすまし汁やあんかけなど澄んだ汁に仕立てたい時に、二番だしはみそ汁や煮物などをつくる時に向いています。

一番だしのとり方ですが、水を鍋に入れ、沸騰したら火を弱めかつお節を入れます。中火で煮沸したら火を止め、かつお節が沈んだところでこし布にあけてこします。煮すぎないことがポイントです。

二番だしは、一番だしのだしがらに水から足して煮だす他に、弱い場合は追いかつおといって新たにかつお節を加えてとることもできます。

かつお節でとっただしは単独でもおいしいのですが、昆布や煮干などの他のだしと合わせれば、それぞれの良さが相乗効果して、さらにおいしく仕上がります。特に、昆布と合わせてとっただしは上品な味に仕上げたい日本料理には欠かせません。とり方としては、水だし法、煮だし法、煮炊き用法などがあります。

水だし法とは、昆布を一晩水につけておいて、その水でとる方法です。特に上品に仕上げたい時は本枯節を使います。できあがっただしはあっさりした味で、すまし汁に最適です。

煮だし法は、昆布を水に入れて火にかけ、沸騰直前に取りだしたらかつお節を入れ、あとは先と同様です。水だし法でとる味ではあっさりしすぎている場合に適しています。煮だし法も本枯節を用います。

煮炊き用法では荒節を使います。コクのある味で、色を淡く仕上げたい時に向きます。

一番だしで使用した昆布とかつお節を使えば二番だしもつくることができます。これらの材料にまだ残っているうま味を引きだします。

一番だしと異なって二番だしはうま味が薄いので、煮物、みそ汁などに使えます。一番だしをとったあとの昆布とかつお節を水から火にかけ、弱火で煮て、好みの味になればできあがりです。物足りない時は、追いかつおを加えるといいでしょう。

上手な削り方と保存

かつお節を削るにはカンナに似た削り器を使います。小さすぎると扱いにくいのでカンナ台が27～28㎝くらいの長さのものがお勧めです。新しい本枯節の場合は、乾いた布で表面についたカビを拭き取る方法と、水洗いしてカビを落とし、そのあとよく拭いて陰干ししてから使う方法があります。どちらにしてもカビが残っているとアクがでて雑味のもとになるので、カビはよく拭き取っておきます。

削り器は、刃を自分のほうに向けて置きます。刃が出すぎていると粉になるので、台の頭側を左右交互に木槌で叩いて引っ込めます。反対に刃を出す時は台の後部を叩きます。刃の状態が0・1～0・2㎜くらいになれば薄削りに、それ以上だと厚削りになります。

かつお節の頭部の側を手前に、皮の面を上に向けて置いたら、頭部の側から押し出すようにして削っていきます。最初は粉が出ますが、続ける内に平らな面ができてきます。次に90度回転させ、新たに平面をつくります。こうして3面をつくり、あとは鉛筆の先のように削っていきます。（その他の削り方もあります。）

使い終わったら保存します。一般的に春、秋、冬の季節は常温保存でかまいません。ただし、夏は高温多湿なのでラップに包んで冷蔵保存します。削り節の場合は、チャック付きのポリ袋を開封後、中の空気を抜いて冷凍保存するほうがいいでしょう。

なお、削り始めなどに出る細かい粉はお茶缶などの容器にためておくと便利です。たこ焼き、お好み焼き、和え物などにかけるとおいしくいただけます。

かつお節の削り方

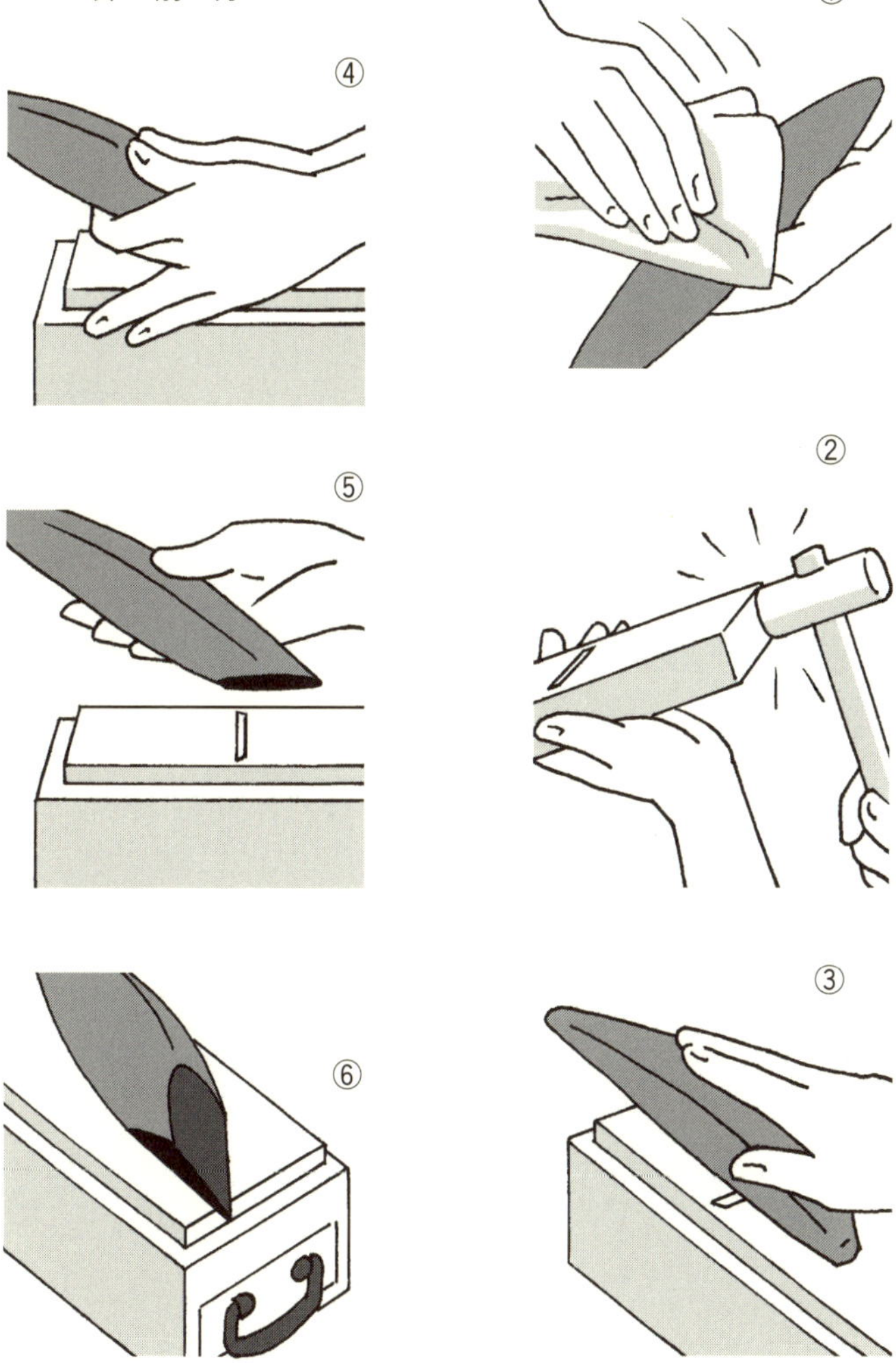

削り節の種類と特徴

本書は基本的にかつお節についてお話ししていますが、あらかじめ削られてパック詰めにされた、いわゆる〝削り節〟を購入される方も多いでしょう。自分で削る手間が省け、手軽に利用できることから一般に広く普及しています。

削り節には「かつお枯節削り節」と「かつお削り節」があります。かつお枯節削り節はカビつけと天日干しを繰り返してつくられる、いわゆる本枯節を削ったものです。

一方、かつお削り節はその作業前の、いわゆる荒節を削ってつくられるものです。一般に花かつおの名称で販売されています。

また、削り節には原魚によっていろいろな種類があります。

まず、「かつお削り節」。上品で淡白な味と香りが特徴です。風味を生かす吸い物、麺類のだし汁などに向きます。「そうだかつお削り節」は味が濃厚で色も濃

削り節の表示

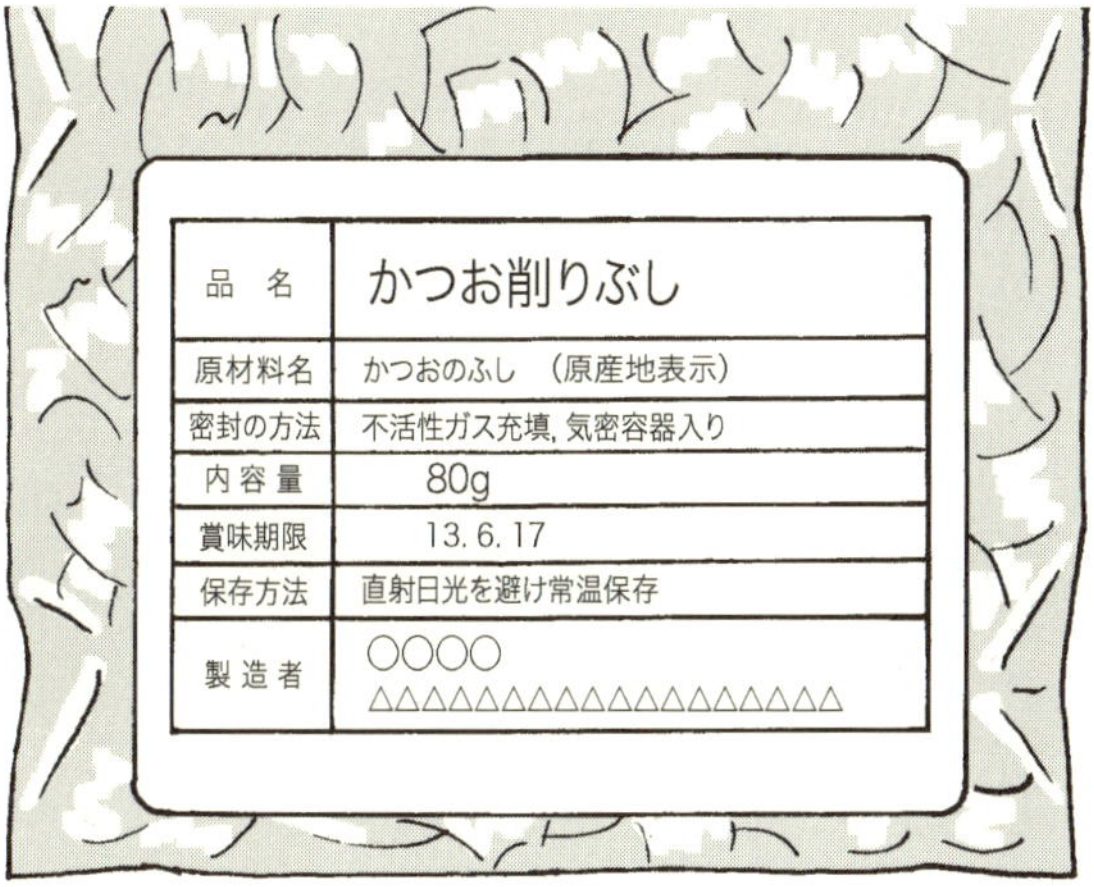
品 名
かつお削りぶし
原材料名
かつおのふし (原産地表示)
密封の方法
不活性ガス充填, 気密容器入り
内容量
80g
賞味期限
13. 6. 17
保存方法
直射日光を避け常温保存
製造者
○○○○
△△△△△△△△△△△△△△△△△△△

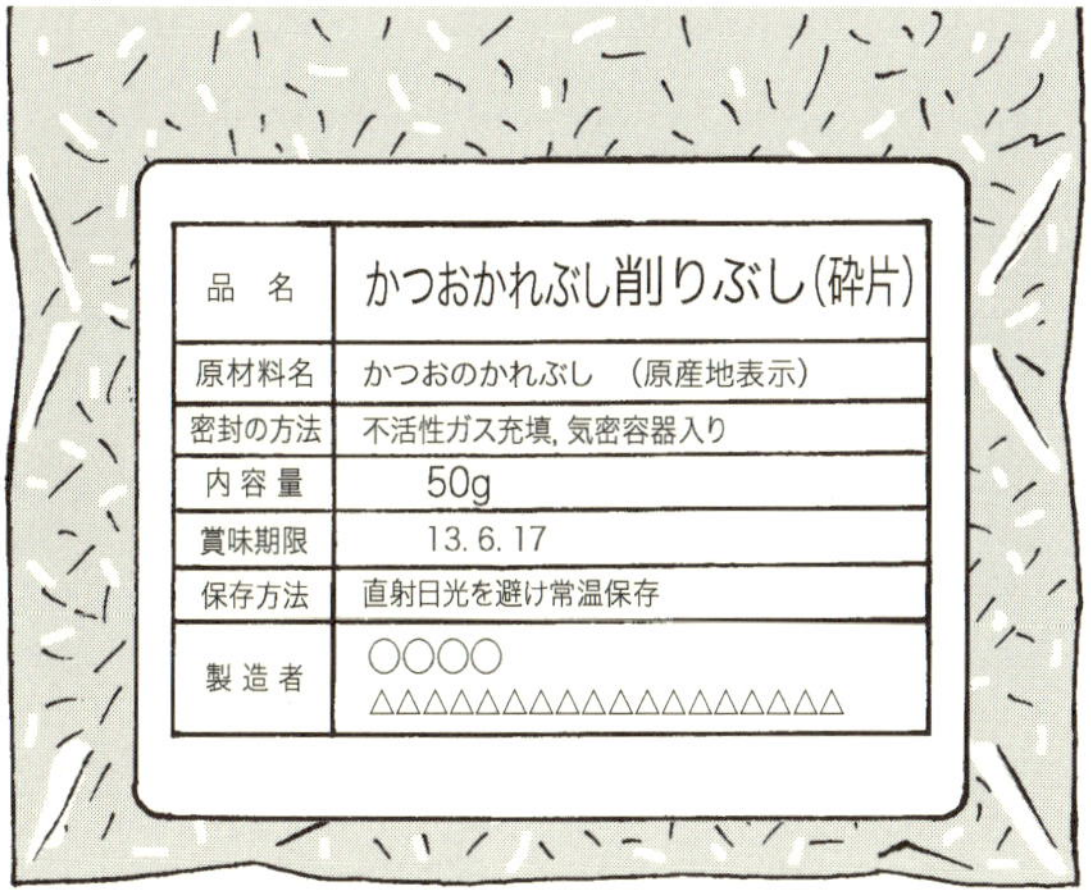
品 名
かつおかれぶし削りぶし(砕片)
原材料名
かつおのかれぶし (原産地表示)
密封の方法
不活性ガス充填, 気密容器入り
内容量
50g
賞味期限
13. 6. 17
保存方法
直射日光を避け常温保存
製造者
○○○○
△△△△△△△△△△△△△△△△△△△

く、そばつゆなどの濃いだしをとるのに適しています。「さば削り節」はコクがあって濃いだしがとれ、味噌汁や温かいつゆ、煮物に向いています。「まぐろ削り節」は吸い物や薄味の煮物など、淡白で柔らかな味に仕上げたい時にお勧めです。「いわし削り節」は独特の味わいがあってコクもあるため、味噌汁、麺類のかけつゆ、煮物に向いています。カルシウムが特に豊富です。また、中部地区で主に使われる「むろあじ削り節」はまろやかでさっぱりとした味が特徴です。なお、削り節ではありませんが、煮干しも特に味噌汁のだしによく使われます。

他にも、これら各種の削り節を合わせた「混合削り節」もあります。関東の場合、これには必ずといっていいほどさば削り節が使われます。一番多いのがさば削り節とそうだかつお削り節の混合で、続いてさば削り節、そうだかつお削り節、かつお削り節の混合、さば削り節とかつお削り節の混合の順になります。一方、関西ではむろあじ削り節、うるめ削り節、いわし削り節の混合が一般的です。

削り節の厚さ

削り節には削り方によって、厚削り、中厚削り、中薄削り、薄削りがあります。厚削りは厚さ0・7㎜前後でそば用のだしに使われます。中厚削りは厚さ0・5㎜前後。厚削りより短時間でだしがとれます。中薄削りは0・2㎜前後。だしをとる時間がさらに短くてすみます。薄削りは0・1㎜以下。花かつおに使用されます。

料理の面から見てみると、吸い物のだしには薄削りが向きます。短時間でだしがよくでて、香りも楽しめます。反対に、麺つゆや煮物には厚削りが適していて、濃厚なだしに仕上がります。

削り節の厚さには地域性が見られます。関西は業務用であっても薄削りが主体です。中部地区は業務用は厚削り、一般用は薄削りと分かれます。関東では、厚削り、中厚削り、中薄削り、薄削りと削り方が細かく分かれるのが特徴です。

「かつお節とその仲間たち」の産地
全国各地の代表的産地をご紹介します。

枕崎

鹿児島県枕崎市はかつお節生産量日本一の町として、全国にその名を知られます。薩摩半島南西部に位置し、温暖な気候とかつお節の煮熟に欠かせない良質な水に恵まれ、焙乾に必要な樫やクヌギなどを近隣から容易に調達できる立地条件にあります。

また、枕崎港は全国でも上位の水揚げ量を誇り、カツオ類も安定的に確保できる上、長崎税関枕崎出張所が開設されたことで、外国船の水揚げも盛んです。市内には大型冷蔵庫が整備され、これらの好条件によって年間を通してかつお節の製造が可能です。

「枕崎鰹節」ブランドの名は全国に定着しています。それは品質を大事にし、他の産地では真似のできない個性豊かなかつお節を製造してきたからに他なりません。平成19年に品質規格委員会を組織して以来、常に品質の向上を図っています。江戸時代より続く、人手と時間をかけた伝統的な製法を継承しながら、「枕崎鰹節」の認証基準を設定することで、消費者に対し適正な情報提供も行っています。

山川

鹿児島県、薩摩半島の最南端に位置する指宿《いぶすき》市山川は、琉球貿易や遠洋漁業の基地として栄えてきた山川港を中心にカツオの町として知られます。明治42年、伊予のかつお節製造業者が山川の納屋を借りて土佐節をつくり、その製法を習得して始められたのが山川かつお節です。

以来、かつお漁船の入港が増し、かつお節製造業者も増えて、かつお節の製造が盛んに行われるようになりました。現在、指宿市の基幹産業として全国のかつお節製造量の約3割（年間約1万トン）を製造するまでになっています。生産額は年間約100億円に達します。特に本枯節の生産量は全国の7割を占めます。

昭和50年に2つの組合が合併して設立された現在の組合には、27業者の組合員が所属しています。ちなみに設立時は81業者でした。組合では、組合員がかつお節を製造するために必要な補佐的な業務を行い、主な事業としてはミール工場、冷凍冷蔵庫、削工場、排水処理場があります。

焼津

古来この地はかつお節づくりが盛んでしたが、土佐節、薩摩節と異なって、歩留りが良く芸術性の高い焼津節があみだされたのは明治21年のことです。全国統一の標準型として普及し、今日の型のかつお節ができあがりました。明治34年には品評会などで製品の優秀さが認められ、焼津節は全国最上位になりました。

昭和40年代に入ると機械化、合理化が進み、その結果、生産量では荒節が仕上節を上回ります。そこで、先人が築きあげた仕上節の伝統技術を絶やさないように、昭和58年に焼津鰹節伝統技術研鑽会が発足、技術を伝承しています。こうした長年の指導活動が評価され、焼津市指定無形文化財第1号に選ばれました。また、製造されたかつお節は毎年11月に皇居で行われる新嘗祭に献上されます。

平成18年に地域ブランドの申請を行い認定されたのを機に、「焼津鰹節」の普及に努めています。ロゴマークなどを活用して消費地での各種イベントに参加、また、食育活動にも積極的に取り組んでいます。

土佐清水

当地はソウダカツオを原料とした宗田節造りが盛んです。かつお節から宗田節に移ったのは昭和30年頃からで、土佐沖のカツオ漁が減り、目近漁が多くなったことによります。特に2月頃より獲れるソウダカツオは寒目近と呼ばれ、それを原料にしたものは上質で、需要も多く、一般のかつお節以上の味との声もあるほどです。なお、目近の呼称が地方によって異なるため、協会理事会において「宗田節」の呼び名に全国統一されました。

昭和40年から年に一度入札即売会が行われていますが、近年は漁業者の数が減り、また、漁場の変化などによって、土佐沖のソウダカツオの水揚げ量が極端に減少しています。そのため原魚不足で入札会もままならないほどです。挽回すべく、ローカルテレビや各種イベントなどでＰＲ活動をし、販路開拓に努めていますが、原魚不足はいかんともしがたく、宗田節の需要が減ることが危惧されます。

長年続く宗田節製造の伝統を絶やしてはならないというのが、業界関係者共通の思いです。

千葉県安房地区

江戸後期に土佐の与一から伝えられたのが、ここでのかつお節製造の始まりです。早春に南方海域から黒潮に沿って太平洋を北上するカツオを主な原料とします。昭和40年代頃からは、伊豆諸島周辺でサバが大量に獲れ始め、その結果、さば節造りが盛んになり、現在、主力となっています。

この地の特徴としては、大量生産ではなく、手造り的な上品を製造することです。房州さば節は日本そばのだし汁に欠かせないものとして普及しています。

■生鮮カツオ年間消費量

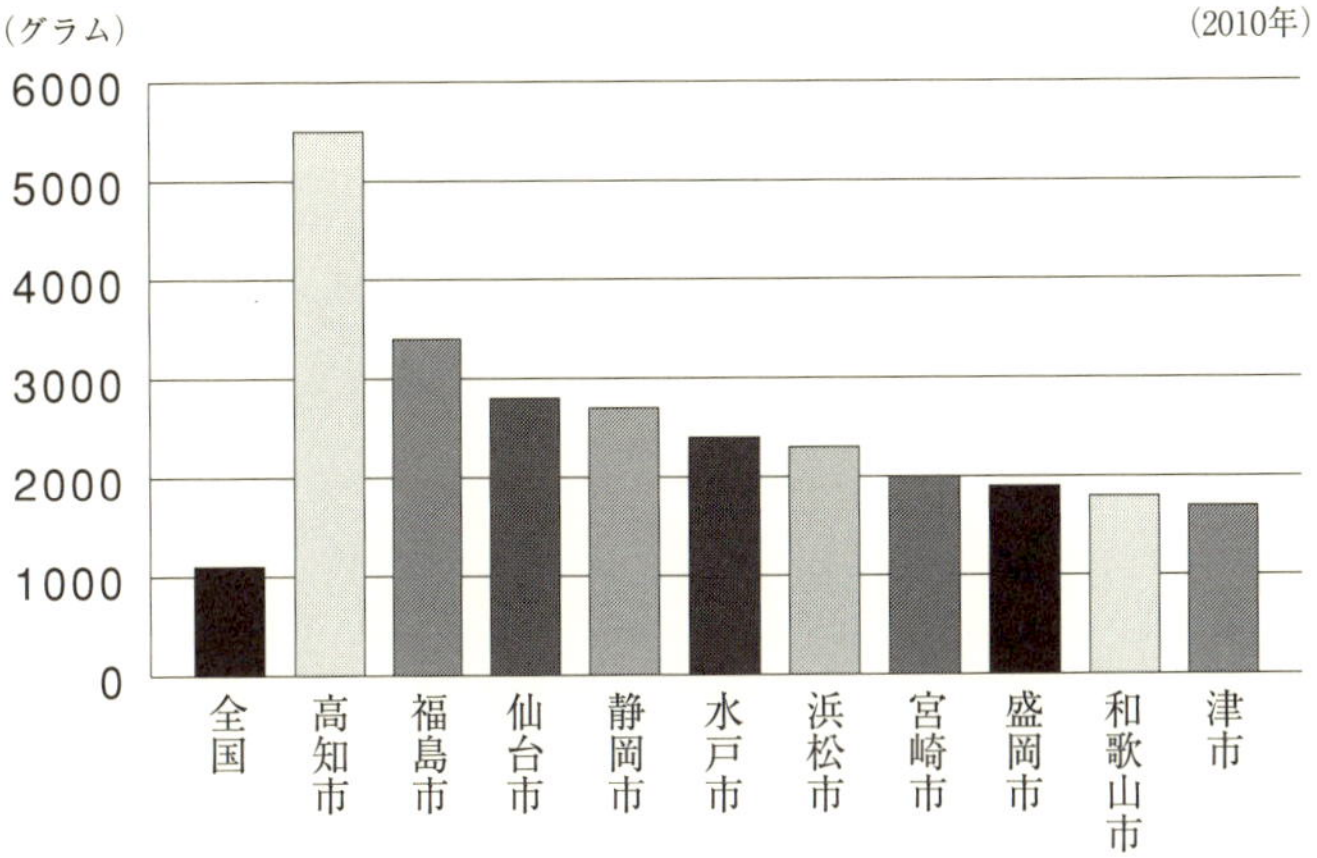

■かつお節・削り節年間消費量

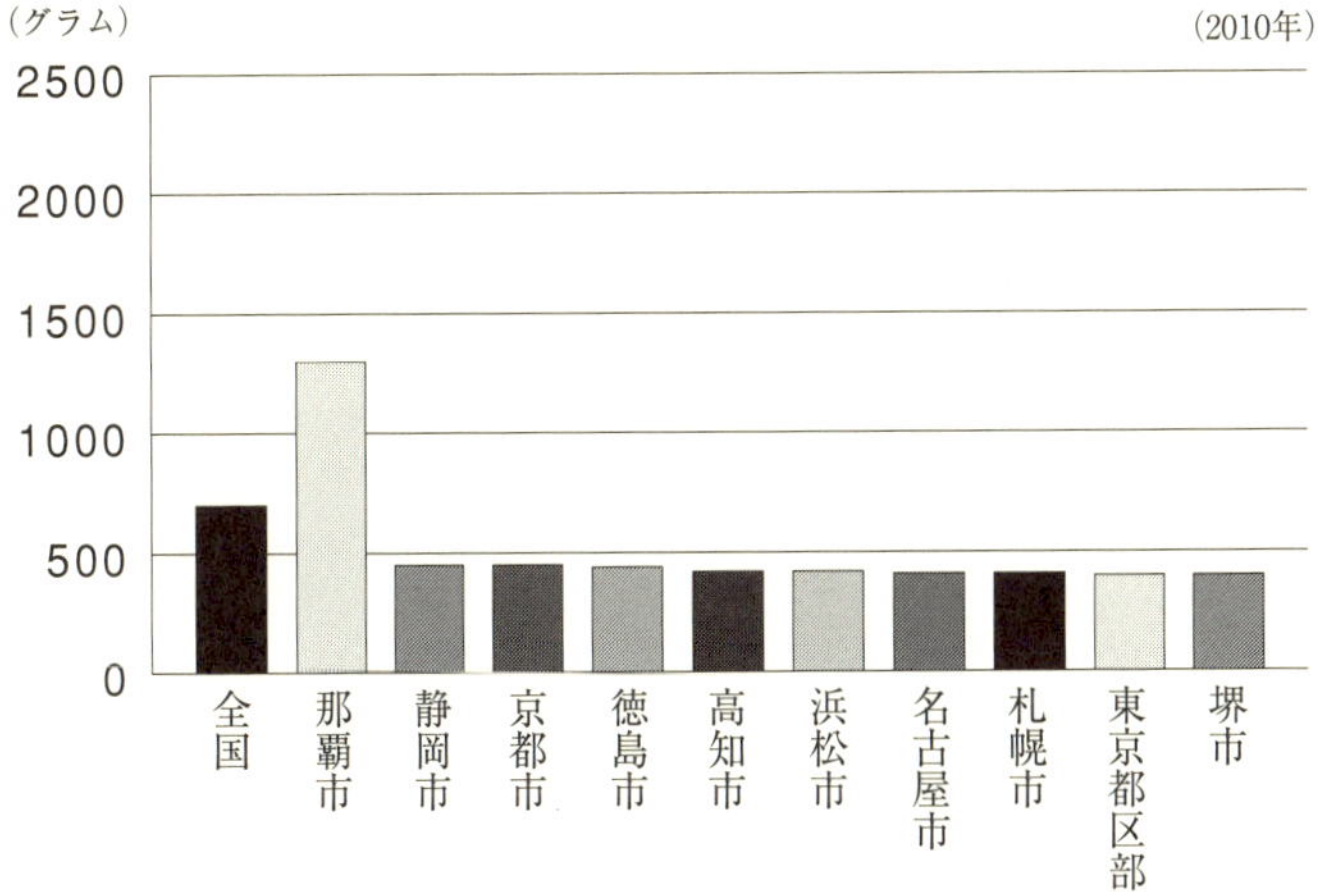

図表は みなと新聞「世界のカツオ生産概要」より転載

■かつお節県別生産量

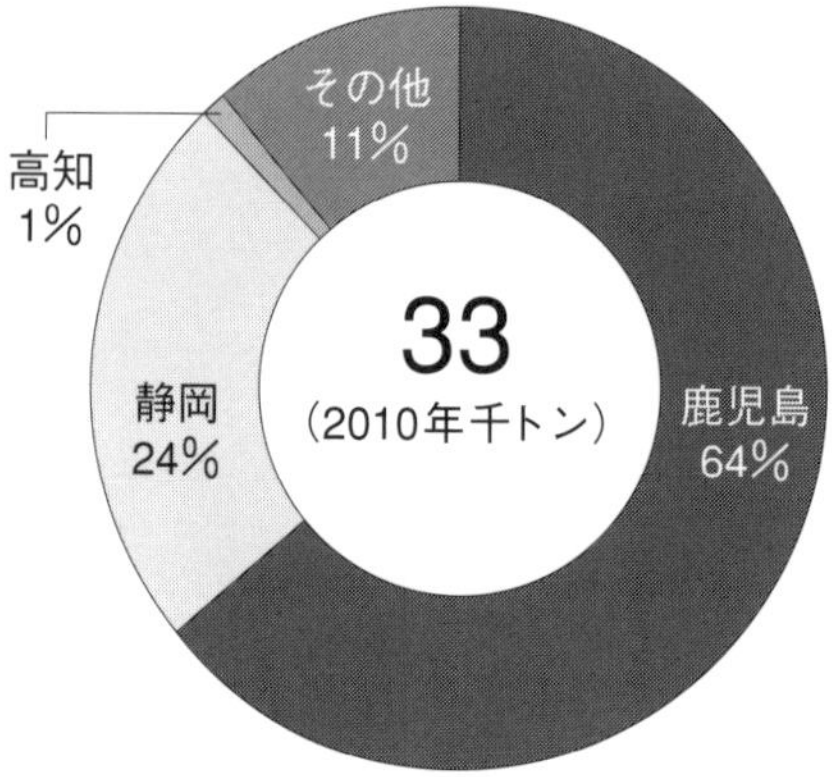

■かつお削り節県別生産量

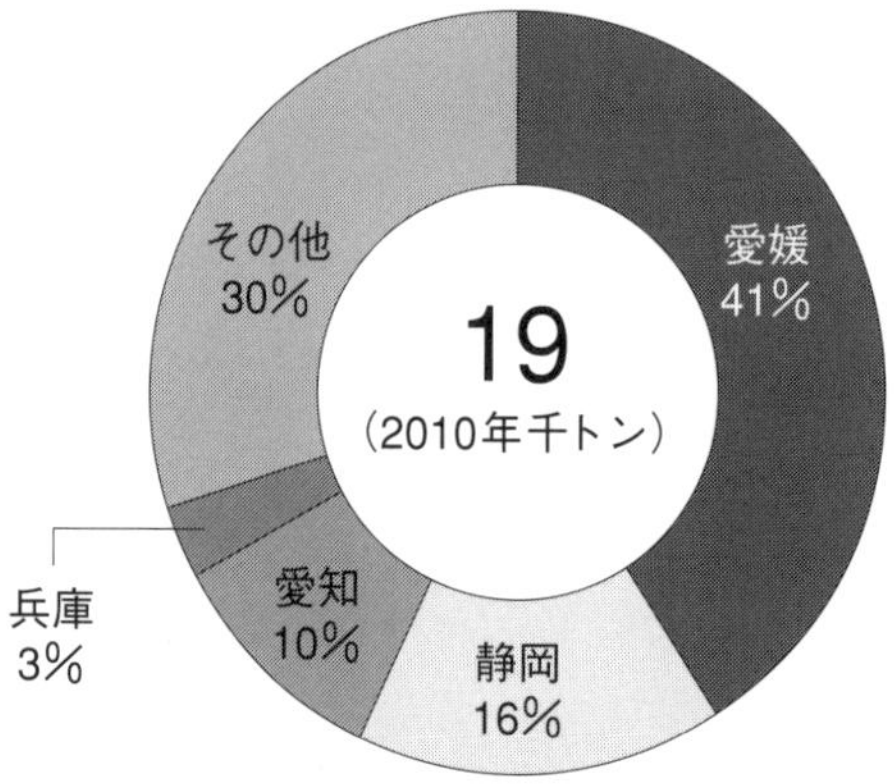

図表は　みなと新聞「世界のカツオ生産概要」より転載

大森正司（おおもり まさし）

昭和17年生まれ。東京農業大学大学院農芸化学専攻博士課程修了。大妻女子大学教授を経て、現在同名誉教授、農学博士。行動する食品学者として「食育」を始めとする調査、研究にたずさわる。テレビを始めマスコミでも広く活躍。「日本茶をまいにち飲んで健康になる」近刊「ごはんをまいにち食べて健康になる」（共にキクロス出版）など著書多数。

参考文献

「かつお節おもしろ雑学事典」日本鰹節協会編　チクマ秀版社

「かつお節」和田俊著　幸書房

「カツオ学入門」枕崎カツオマイスター検定委員会編著　筑波書房

かつお節をまいにち使って元気になる

2016年 6 月17日　初版発行

監修　大森正司

発行　株式会社 キクロス出版
〒112-0012　東京都文京区大塚6-14-19
TEL.03-3945-4148　FAX.03-3945-4149

発売　株式会社 星雲社
〒112-0012　東京都文京区大塚3-21-10
TEL.03-3947-1021　FAX.03-3947-1617

印刷・製本 株式会社 厚徳社　プロデューサー 山口晴之　エディター 高野知恵

イラスト 打道宗廣　デザイン 山家ハルミ

ISBN978-4-434-22081-4 C2077

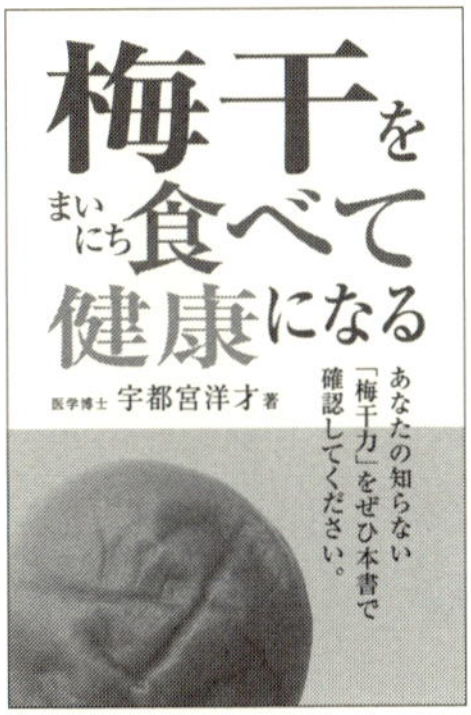

和歌山県立医科大学准教授・医学博士　**宇都宮洋才**

四六判並製・本文144頁／定価1,260円（税込）

梅干は嗜好品であり、また健康を守る食品としてもすぐれていますが、同時に日本型食生活を支える貴重な食べ物ともいえます。近年、日本人の間に欧米型の食生活が広がり、その結果、生活習慣病が増大しています。梅干をごはんと組み合わせることで日本型の食生活を取り戻すことができれば、生活習慣病になる人の数も減り、同時に下降する一方の食料自給率まで、アップできる期待がもてます。本書で梅干の健康効果や効能を知り、毎日の食卓に取り入れて下さい。